地球

ダイナミックな惑星

Martin Redfern 著

川上 紳一 訳

SCIENCE PALETTE

丸善出版

The Earth

A Very Short Introduction

by

Martin Redfern

Copyright © Martin Redfern 2003

All rights reserved. No part of this book may be reproduced or transmitted in any form or by any means, electronic or mechanical, including photocopying, recording or by any information storage retrieval system, without the prior written permission of the copyright owner.

" The Earth: A Very Short Introduction" was originally published in English in 2003. This translation is published by arrangement with Oxford University Press.
Japanese Copyright © 2013 by Maruzen Publishing Co., Ltd.
本書は Oxford University Press の正式翻訳許可を得たものである．

Printed in Japan

訳者まえがき

　本書は，マーティン・レッドファーン著 "The Earth: A very Short Introduction"（Oxford University Press）の翻訳書です．英語版の本書はポケットサイズの小さな本ですが，「地球」という惑星の変動とそのしくみが，7つの章からなるトピックスでやさしく語られています．原書シリーズタイトルにもあるように，はじめて本書を手にしたときの印象は，手軽な入門書というものでした．

　ところが，英語の文章を逐次日本語に訳し始めると，本書に対するイメージはがらりと変わりました．著者の語り口の巧さと，文章のわかりやすさに加え，地球という惑星の素顔を実にうまく描き出していたのです．しかも，内容が豊かであり，私はこの本がとても気に入ってしまいました．

　著者は，地球という惑星の全体像を理解するには，一つずつ断片を集めて解読していく地質学的な方法に加え，宇宙から地球全体を眺めるという，二つの視点が重要であると訴えています．取り上げられた7つのトピックスは，地球システム，地球内部構造，地球史，海洋底の探査，大陸移動，そして火山と地震であり，どの章もコンパクトながら，興味深い

内容がちりばめられていました．

　日本では，2011年3月11日に，東北地方太平洋沖地震が発生し，激しい地震動に加えて，巨大な津波による大きな被害を受けました．この地震で福島第一原子力発電所が事故を起こし，広大な国土が放射性物質によって汚染されてしまいました．この地震のインパクトは，広く全世界に及んでいます．こうした自然災害は，自然と人間との関わりについて，とりわけ，世界でもっとも活動的な変動帯に位置する日本列島でどのように暮らしていくべきなのかをあらためて問いかけているようにみえます．こうした問題意識で本書を読み進んでいくと，地震や火山噴火を発生させるダイナミックな地球の姿について，私たちが日ごろからよく学んで承知しておくべきことがたくさん述べられていることに気づきます．

　3.11東日本大震災を経験したいま，変動する地球の姿を見つめ直すことは，現代人の科学リテラシーとして重要かつ必要不可欠だと私は考えています．本書は，その入口として，多くの方に読んでいただきたい一冊なのです．

2013年4月

川上　紳一

目　次

1　ダイナミックな惑星　　1
2　深遠なる時間　　29
3　地球の深部　　51
4　海の底で　　81
5　移動する大陸　　111
6　火　山　　143
7　大地が揺れるとき　　167

エピローグ　　187
参考文献　　191
謝　辞　　193
索　引　　195

図1 アポロ17号から見た地球．1972年12月．© Corbis/amanaimages

第1章
ダイナミックな惑星

> 宇宙から撮影された地球の写真が手に入れば,人類史上最も説得力のある新しいアイデアが生まれるにちがいない.
> フレッド・ホイル卿(1948年)

あなただったら巨大な丸い一つの惑星をどうやって1冊の小さい本に表現しますか? それは容易な作業ではありませんね.しかし,それには,かなり異なる二つの方法があります.一つは地質学的な証拠を積み上げていく方法で,実際には岩石を詳しく観察していくというものです.何世紀にもわたって,地質学者たちは小さなハンマーを携えて地球表面を急ぎ足で歩き回り,種類の異なる岩石を観察したり,それらを構成する鉱物粒子を調べてきました.肉眼,顕微鏡,電子線プローブ,質量分析計といったものを使い,地質学者たちは,地殻を異なる部分に区分してきました.そして,岩石タイプの異なる岩体がどのように関係しているのかを地図に示し,理論や観測,あるいは実験を行って,どのようにして地殻を構成する岩体が現在の位置にやってきたのかを明らかに

しようとしてきました．それは膨大な作業であり，深い洞察をもたらすものでした．要約すると，こうした地質学者たちの努力によって，未来の地球科学者たちがよりどころとする巨大な体系がつくられたのです．こうしたボトムアップともいうべきアプローチの成果に基づいて，私は本書を書くことができるのです．しかし，私が使う方法はこうしたアプローチではありません．本書は，岩石や鉱物，地質図作成のためのガイドブックではありません．惑星の肖像画を描こうというものです．

年老いた私たちの惑星に対する新しい見方は，地球システム科学として知られていますが，それはトップダウンによるアプローチから得られました．このアプローチは地球全体を眺めるものですが，私たちが「現在」とよんでいる時間の流れのなかの一瞬を眺めるものではありません．地質学的な長い時間の経過のなかで，私たちの惑星を一連の過程や循環からなるダイナミックなシステムとしてとらえようとします．私たちは，時々刻々と変化している地球の姿がどのように形づくられているのかを理解することができるようになります．

宇宙からの眺め

先に示した天文学者フレッド・ホイル卿の予言は，はじめての宇宙飛行に先立つ10年も前になされたものでした．無人ロケットが宇宙から地球の姿を初めて撮影したとき（図1），第1世代の宇宙飛行士が私たちのすむ地球の全体像

を自分の目で眺めたとき，その予言は現実のものとなりました．そうした宇宙からの眺めは，私たちが知らなかった地球の姿について多くのことを語ったわけではありません．それらは私たちに一つの偶像（イコン）をもたらしたのです．最初に宇宙から地球を眺めた多くの宇宙飛行士にとって，その眺めは私たちの生きるこの世界の美しさと，一見してわかる脆弱性についての情緒的な体験をもたらしました．この時期に，地球科学の分野で地球に関する理解が革命的に進んでいたことは，おそらく偶然とはいえないでしょう．プレートテクトニクスの概念については，約50年前にアルフレッド・ウェゲナーが提案して以来，やっとここにきて支持が得られるようになりました．海洋底の探査によって，中央海嶺系で海洋底の拡大が起こっていることが明らかにされました．海洋底は移動し，大陸が分裂したり，合体したりしていたのです．想像できないくらいの質量をもつ大陸規模の岩石でできたプレートがワルツを踊るように動いていたのです．

ほぼ同じ時期に，真っ暗闇の宇宙に浮かぶ青い宝石のような地球の偶像と同様に，グローバルな環境問題に対する運動が生じてきました．それは絶滅に瀕する生物種や熱帯雨林に対する感傷的な愛着と，科学者たちの抱く複雑で相互作用する生態系という新しい見方が混ざったものでした．今日では，ほとんどの大学の学部や研究グループの名前には，「地質学」ではなく，「地球科学」という言葉が使われています．これは地球を研究する学問が岩石の研究から大きく広がっていることを示しています．地球システムという言葉は，より

広範に使われるようになっており,地球のプロセスが動的な性質をもった相互作用するものであり,岩石質の固体地球だけでなく,海洋や破壊されやすい大気の覆い,地球表面の薄いフィルムのような生物圏までもがかかわっています.私たちの地球はたまねぎのような構造をしています.それは一連の同じ中心をもつ球の集まりであり,磁気圏,大気圏,生物圏,水圏,固体地球といった層構造から成り立っています.それらのすべてが球面状というわけではなく,なかにはほかの部分に比べて質量がわずかで球状の形をしていないものもあります.しかし,それらは微妙な平衡状態を維持するのに大切な役割を果たしています.地球システムのそれぞれの部分は,固定して時間変化しないものではなく,いわば噴水のようなもので,おそらく全体の構造を保ちつつも,物質やエネルギーはその流れに伴ってたえず変化しているわけです.

もし岩石が語ることができたなら

岩や石が物語を語るということは,ふつうには考えられません.それらは地面にじっとしていて,コケを生やすようになりますが,力を加えると転がります.しかし,地質学者はそれらに物語を語らせる方法をもっています.地質学者はハンマーで岩を叩き,薄く削ったり,押しつぶしたり,破壊されるまで応力や歪みを加えたりします——彼らはしばしば,文字どおりそのようなことをして石を調べます.もしあなたが岩石の観察の仕方を学んだならば,岩石はあなたにその石の歴史を語るようになるでしょう.その岩石の表面には最近の歴史が認められます.それらはどのように風化を受け,侵

食されたのか，風や水の流れ，氷の作用を示す証拠となる傷が残されていることがあります．さらに，岩石が地中深く埋没したときに受けた熱や圧力，変形によってできたより深い傷跡が残されていることもあります．こうした変化が極端に激しい場合，その岩石は変成岩として知られているものになっています．すなわち，岩石の起源に関する手がかりがあるわけです．岩石のなかには，かつて一度融解してマグマになり，地球深部から上昇して火山の火口から地表に流れ出したり，地殻の割れ目に入り込んで，既存の岩石の間に貫入したりしたものがあります．こうした岩石は火成岩とよばれています．こうした岩石を構成する鉱物粒子の大きさは，マグマがどれくらい急激に冷えたのかを表しています．巨大な花崗岩の岩体はゆっくり冷えるので，花崗岩を構成する結晶は大きくなります．火山から噴出した玄武岩は，急激に冷えるので細粒の結晶からできています．岩石のなかには，すでにあった岩石が粉々にされて，残った粒子が集まったものもあります．こうした岩石では，粒子の大きさは，粒子が運ばれた環境におけるエネルギーの強さを反映しています．よどんだ水から沈殿して，堆積した粒子でできている細粒の頁岩や泥岩から，荒れ狂う濁流で運ばれた砂岩や礫岩まで，いろいろなものがあります．このほか，白亜（チョーク）や石灰岩のような化学沈殿岩があります．これらは生物が大気から二酸化炭素を取り込んで，海水中で鉱物を沈殿させたもので，いわば空が石へ変わったようなものといっていいでしょう．

　鉱物粒子ひと粒にも物語があります．鉱物学者は，それら

を原子ごとに分離し，高感度の質量分析計を用いて，わずかしか含まれていない微量元素であっても，元素の同位体存在比を測定することができます．同位体というのは同じ元素のなかで，原子核のつくりが異なるもののことです．質量の異なる同位体の存在量の比を測定することで，鉱物の年代を推定できる場合があります．年代というのは，元となった物質からその鉱物が新たにつくられた時点を示す時間です．また，鉱物の結晶成長が段階的に進んだことが明らかにされることもあります．例えば，ダイヤモンドから，それが地球のマントル深部から地表にやってくるまでの履歴がわかることもあります．海洋生物によってつくられた鉱物の酸素や炭素の同位体比からは，その鉱物が形成された時代の海水の温度やグローバルな気候を推定することもできます．

ほかの世界

　地球を理解するうえで大きな問題は，たった一つしかないということです．私たちは，いまある地球をそのままの姿で認識するしかありません．いまの地球の姿が過去の幸運な出来事の結果であるかどうかについては，何ともいえないのです．これが，地球科学者たちがいま再び天文学に興味を注いでいる理由です．赤外線やサブミリ波の波長の放射をとらえる強力な新しい天体望遠鏡によって，星形成領域をより詳しく観測できるようになり，私たちの太陽系が誕生したときに，どのようなことが起こったのかをほかの星で探ることができるようになりました．いくつかの若い星では，原始惑星円盤とよばれる細かい塵からなる雲（ハロー）を伴ってお

り，そこで新たな太陽系が誕生していることがわかってきました．しかし，完全に成長をとげた地球のような惑星を検出することはいまだに困難な状況です．遠い恒星で公転している惑星を直接観測するのは，強い光を放つサーチライトの前にいる小さな蛾を見つけるようなものです．しかし，間接的な方法では近年，系外惑星が相次いで発見されるようになりました．それらの多くは，惑星の重力的な影響によって，中心星の運動にぐらつきが生じていることを観測するわけです．その影響が明白であったために最初に発見された惑星は，木星よりもずっと大きな質量をもつもので，しかも太陽と地球の距離よりも中心星に近いところを公転している惑星でした．そうした惑星は，とても地球とよく似た惑星とはいえません．しかし，私たちのすむ太陽系とよく似た複数の惑星からなる系外惑星系が存在するという証拠はどんどん蓄積されてきています．しかし，地球ぐらいの大きさで生命が生存できるような，地球とそっくりの惑星を発見することはまだまだ困難です．

　地球のような惑星を探すには，宇宙空間に天文台を建設する必要があり，それは夢のような話です．アメリカとヨーロッパでは，相互に連結した赤外望遠鏡のネットワークを建設するという野心的な計画が検討されています．そのいずれもがハッブル宇宙望遠鏡よりも格段に大きく，4台か5台が接近して隊列をつくり，得られたデータを結合して，惑星の存在を解像できるような信号を得ようというわけです．それらは私たち太陽系が放つ細かい塵からの赤外線放射の影響を

避けるため，木星よりも遠い場所に建設する必要がありそうです．しかし，もしそれが実現すれば，遠い系外惑星の大気に生命の存在を示唆する証拠を検出できるかもしれません．とりわけ，オゾンの存在が検出できるかもしれないのです．そうした証拠は，気候や化学組成だけでなく，遊離した酸素の存在といった地球と同様の条件を示唆していて，私たちが知る限りにおいて，生命によってのみ維持されているものであるというわけです．

生命の信号

1990年2月に，木星や土星との遭遇を成し遂げた探査機ボイジャー1号は，太陽系から脱出する道すがら，私たちのすむ太陽系の全体像を撮影した画像を地球に送ってきました．それは，ほかの星からの来訪者が太陽系全体を眺めたときの光景のようでした．その画像には，明るい恒星である太陽が際立っていました．その姿は60億キロメートル離れた距離から撮影されたもので，私たちが見ている太陽までの距離の40倍にも相当していました．惑星の姿はかろうじてわかる程度のかすかなものでした．地球の大きさは，ボイジャーのカメラでは1画素よりも小さく，そのかすかな光は，太陽光線が紛れ込んだようでした．これが私たちの世界の全体像で，まるで微小な塵の塊のようでした．しかし，高度な観測装置をもっている宇宙からの来訪者なら，その小さく青い惑星の存在に，すぐに興味を向けるに違いありません．巨大で荒れ狂うガスからなる外惑星，冷たく乾燥した火星や，酸性物質を含んだサウナのような金星とは違って，地球は何も

かもが整っています．水は，液体，固体，気体の三つの相として存在しているのです．大気の組成は，死んだ世界と異なっていて，平衡状態に達してはおらず，動的で絶えず更新しているはずです．酸素やオゾンと一緒に微量の炭化水素が含まれ，それらは生物過程によって絶えず生み出されていなければ，長期間にわたって安定的に存在できる物質ではありません．テレビやラジオからの絶え間ないおしゃべりを受信できなかったとしても，大気組成の特徴だけでも，宇宙からの来訪者の注意を引きつけないわけがありません．

磁気の泡

　私たちのはるか頭上も地球物理学の研究対象です．これは，地球の物理的影響は，固体表面からずっと上空にまで及んでいて，私たちが宇宙空間とよんでいるところにまで達しているということです．しかし，そこは真空ではありません．私たちは，大きな人形のなかに同じ形の小さい人形が入っているロシアのマトリョーシカ人形のように，一連の入れ子状の泡のなかで生きています．地球の影響が及ぶ球体は，太陽がつくり出している，より大きな球体のなかにあります．それはさらに，遠いはるかな昔に，超新星，すなわち爆発した星から飛び散った膨張する残骸がつくった重なり合ういくつかの泡のなかに位置しています．それらはすべて天の川銀河とよばれる銀河のなかにあり，天の川銀河は，宇宙に存在する超銀河団とよばれる銀河集団に所属しているわけです．宇宙それ自身も，マルチバースとよばれている無数の泡状構造の一つの泡にすぎないのかもしれません．

第1章　ダイナミックな惑星

地球の大気と磁場は，私たちを防護しています．その役割のほとんどは，宇宙からの危険な照射から私たちを守ることです．この防護作用がなければ，地球表面の生命体は太陽からの紫外線やX線，銀河のどこかで発生した激しい活動によって発生する宇宙線，高エネルギー粒子などの脅威にさらされてしまうわけです．さらに太陽から噴き出す水素原子核あるいは陽子（プロトン）からなる永続的な風が吹き付けています．この太陽風の風速は，毎秒400キロメートルのスピードで地球のそばを流れており，太陽表面で嵐が発生したときには，そのスピードは3倍にもなります．この風は，太陽から数十億キロメートルの果てまで達していて，すべての惑星を包み込むだけでなく，彗星の軌道を越える領域にまで及び，地球と太陽の距離の数千倍のところにまで達しています．この太陽風は非常にかすかなものですが，彗星が太陽系の内側に達したときにできる長い尾をなびかせるには十分な強さをもっていて，彗星の尾はつねに太陽と反対向きの方向になびいているのです．こうしたことから，クモの糸ほどの薄さの帆を使って太陽風を受けて，宇宙船を加速するという空想的な提案までなされています．

　地球には磁気圏とよばれている固有の磁場があり，太陽風を遮蔽するしくみをもっています（図2）．太陽風を構成する粒子は電荷をもっているので，電流を生み出します．これは磁力線を横切ることができません．太陽風によって太陽に向いた半球の磁気圏は圧縮されていて，まるで船の船首で見られる波のようです．反対側では磁気圏は風下側に細長く引

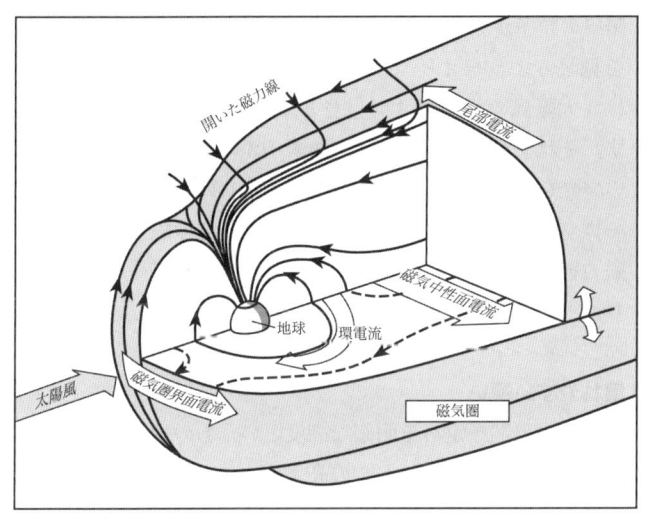

図2 地球を覆っている磁気圏．太陽風によって彗星のように風下側になびいた構造をしている．矢印は電流の向きを示す．

き伸ばされて，月の軌道あたりにまで達しています．磁気圏内に捕獲された荷電粒子は，磁力線の間に帯状に分布し，らせん運動をして放射線を発します．こうしてできる放射線の強い帯状構造は1958年に，アメリカ探査衛星エクスプローラー1号に搭載されたガイガーカウンターで観測を行ったジェームズ・ヴァン・アレンによって発見されました．この領域は宇宙船の寿命を長くするためには避けて通るべき領域とされ，防護服のない宇宙飛行士にとっては致命的になるとされました．

　地球の磁力線が両極に向かって急降下するところでは，太

陽風の粒子が大気に突入し，原子を下方に跳ね飛ばすと，目を見張るようなオーロラを出現させます．大気の最上部では，太陽風の水素イオン自身がピンク色の霞を生じさせます．それより低い高度では，酸素イオンがルビーのような赤い発光を生じさせ，成層圏の窒素イオンは青紫色や赤色のオーロラを生じさせます．ときには，太陽風の磁力線が地球の磁力線と接近して再結合し，華々しいエネルギー解放が起こり，大規模なオーロラを出現させます．

壊れやすい覆い

　大気の上端を定める明確な高度というものはありません．地面から260キロメートルの高さは，スペースシャトルが飛行する地球低軌道に相当しますが，そこはほぼ大気圏より上位に位置しており，大気圧も地上の10億分の1程度に希薄になっています．しかし，そうした場所でも大気分子の数は1立方センチメートルあたり10億個にもなります．そこでの温度は高く，粒子は電気を帯びているので，宇宙船の腐食を促します．太陽活動の極大期になると，大気圏はわずかに拡大し，低軌道の宇宙船に大気による摩擦を及ぼします．そのため，宇宙船は軌道を保つためにロケットエンジンを噴射させる必要があります．高度80キロメートル以上の上層大気は，熱圏としても知られています．というのもそこは非常に高温だからです．しかし，大気は非常に希薄なので，あなたはそこに行ったとしても火傷することはないでしょう．

　大気のこの領域は太陽からの危険なX線や紫外線の一部

を吸収していて，多くの原子はイオン化して電子の一部を失っています．この理由から，熱圏は電離圏ともよばれています．電離圏は電気伝導度が高いので，周波数帯によっては電波を反射します．その結果，送信機の置かれた場所から見える地平線を越えたところまで電波が届くようになり，短波ラジオの放送については世界中のどこでも聞こえるわけです．

　地表から20キロメートルの高度に行っても，そこはまだ熱圏，中間圏，ほとんどの成層圏より下位に位置しています．その高さでも大気の総量の90%以上はその高度より下に存在しています．この高さでは，酸素原子3個が結合したオゾンを含む希薄なオゾン層があります．酸素原子2個からなる通常の酸素分子が太陽放射によって分解され，3個の酸素原子が再結合してオゾン分子がつくられます．オゾンは地球にとって太陽光の有効な遮蔽物質です．もしすべてのオゾンを地表に濃縮させたとすると，その厚さはたった3ミリメートルにしかなりません．しかし，オゾンは太陽からやってくる短い波長をもった危険な紫外線であるUVC放射とよばれる光のほとんどと，UVBとよばれる中間波長の紫外線の一部を取り除く作用があります．したがって，オゾン層は生物が日焼けしたり，皮膚がんになることから守っているといえます．オゾンは人間活動によって放出されたCFC（クロロフルオロカーボン）とよばれる化学物質によって著しく減少して，一般的にオゾン層が薄くなっているだけでなく，両極地域においては大気が冷たい春季においてオゾンホールを形成しています．国際的な合意によって，CFCの放出は著

しく減少しており、オゾン層は回復することが期待されています。しかし、CFCは長寿命であり、回復されるまでにはまだ時間がかかるでしょう。

サークルとサイクル

大気の最下部15キロメートルが対流圏で、そこでほとんどの作用が生じています。気象は対流圏での現象です。対流圏では雲ができ、雲が広がり、風が吹き、惑星全体に熱や湿度を輸送します。ダイナミックな惑星では、すべてがサークル（輪）のように巡っていて、エネルギーが流れています。対流圏は、地表に近いので、こうしたサイクル（周期）は太陽のエネルギーによって駆動されています。地軸のまわりの地球の自転運動によって、昼と夜という1日ごとの明瞭なサイクルがあり、地面は加熱を受けたり冷却したりします。地球が太陽のまわりを公転することで1年ごとにくり返す季節変化が生まれ、一方の半球が最初に多くの日射を受け、そのあとでもう一方の半球が多くの日射を受けるようになります。しかし、地軸の歳差運動のような、より長いサイクルもあって、数万年ごとにくり返すようなものもあります。

太陽のまわりを地球が公転しているように、月は地球のまわりを公転しています。月が軌道を1周するのに約28日かかります。これが私たちにとってのひと月に相当します。月の重力が海に作用して膨らみを生じさせる一方で、地球が地軸のまわりを自転しているために、潮汐が生じています。これは地球の自転にブレーキ作用をもたらし、1日の長さは

徐々に長くなっています．約4億年前のサンゴの化石に成長縞が見られ，その解析から当時の1日の長さが現在よりも数時間も短かったという研究があります．

　月は地球の軌道や気候を安定化させるのに役立ってきました．さらに，宇宙にはもっと長い時間スケールのサイクルもあります．太陽のまわりの地球の公転軌道は完全な円ではなく，楕円形です．その焦点の一つに太陽が位置しています．すなわち，太陽と地球の距離は軌道運動とともに変化しています．さらに，変化の程度そのものが9万5800年といったサイクルで移り変わっています．また，地球の自転軸の傾きが，回転軸が傾いたコマのようにゆっくりと歳差運動，あるいはウォブルとよばれる微小な回転運動をしています．2万1700年という周期で，地軸の歳差運動は完全な円錐を描くような回転運動をします．現在は，地球の北半球が冬の時期に太陽と地球の距離が最短になります．太陽のまわりの地球の公転軌道面に対する地軸の傾き角の変化には4万1000年の周期性があります．これらの周期性はミランコビッチ・サイクルとよばれているもので，数万年から数十万年にわたる気候に影響を与えています．こうした変動が過去325万年にわたって地球に影響を与え，氷河時代（氷期-間氷期サイクル）とよばれる現象を生み出したといわれています．しかし，実際の状況はもっと複雑で，そうした作用は，海洋循環，雲の覆い，大気組成，火山性のエアロゾル，岩石風化作用，生物生産性などの因子によって増幅されたり減衰されたりしてきたと考えられます．

太陽のサイクル

　サイクリック（周期的）な変化というものは地球にだけ見られるというわけではありません．太陽にもそうした変化は見られます．50億年にわたる歴史のなかで，太陽はしだいに暖かくなってきました．しかし，地表の温度はほぼ一定の状態に保たれてきました．その理由の大半は生命の存在によるもので，植物や藻類が初期地球を温暖に保っていた二酸化炭素の毛布を消費して気温を一定に保ったのです．もう一つ別の太陽活動の変化が知られています．11年ごとに規則的に生じている太陽サイクルとよばれるもので，太陽黒点活動の増減に表れており，ひいては太陽磁気圏の活動のサイクルにも反映され，太陽表面での嵐の発生や太陽風にも影響を与えています．太陽によく似たほかの恒星でも，その寿命の3分の1程度は太陽黒点が見られない時期があることが知られていて，そのような時期はマウンダー極小期とよばれています．太陽黒点がみられない時期が私たちの太陽にも訪れており，1645年から1715年にかけて太陽放射がおよそ0.5%程度低下しました．しかし，たったそれだけでもその影響は大きく，北ヨーロッパでは小氷期とよばれる寒冷な気候になって，毎年のように厳しい冬が到来したのでした．ロンドンのテムズ川は完全に結氷し，そこでマーケットが開かれたり，霜のお祭りが開催されたりしたのでした

熱い空気

　太陽からもたらされる暖かさは，地球上どこも同じではありません．赤道地域が最も高温に加熱されるのです．大気は

温められると膨張し，大気圧を増加させます．平衡状態に戻るために，風が吹き大気は循環を始めます．こうした動きが起こっている間中，地球は自転し続けていて，大気に角運動量を与えています．その影響は赤道で最大であり，コリオリの効果とよばれている現象が生じます．大気は完全には地表とつながっていないため，大気は赤道から遠ざかるように運動すると，それらは回転する地表とは独立に運動量をもちます．このことは，地表に対し，北半球では運動方向からみて，右向きに風は曲がり，南半球では逆に左向きに曲がっていきます．こうした運動が回転する系に高気圧や低気圧をもたらし，気象のシステムにおいて，降水が起こる場所や日射がある場所を生み出します．

　陸地と山脈は熱や湿度の循環に影響を与えます．例えば，ヒマラヤ山脈が上昇を始めるまでは，インドモンスーンは存在しませんでした．そして最も重要なことは，海洋が熱を蓄積するうえで非常に大きな役割を果たしており，熱を世界全体に行き渡らせる役割も果たしていることです．海洋の最上部2メートルの部分が，大気全体と同じだけの熱容量をもっています．それと同時に，海流によって熱が地球全体に行き渡ります．しかし，表面における海流はその描像の半分にすぎません．そのよい例が北大西洋の湾岸海流です．この海流は暖かい海水をメキシコ湾から北と東へ運んでおり，これが北西ヨーロッパの冬が北西アメリカよりも温暖な理由の一つになっています．暖かい海水が北へ向かうにつれて，その一部は蒸発して雲になり，イギリスの行楽客の上に雨となって

降り注いでいます．残りの海洋表層水は，冷却され，密度が大きくなり，最終的には海洋深層部へと沈んで，大西洋を南へと流れくだっています．こうした流れが，海洋循環のコンベアベルトを完成させています．

突然の凍結

　約1万1000年前，地球は最終氷期から抜け出そうとしていました．氷は解けていき，海水準は上昇し，気候はだんだん温暖化していきました．そのあと，突然のように，数年のうちで寒冷な気候に戻ってしまったのです．こうした変化はとくにアイルランドで顕著で，堆積物中の花粉によると，植生が温暖な湿地からドライアスとよばれる小さい植物が優占するツンドラへと戻ってしまいました．ラモント・ドハティ地質学研究所のウォルター・ブロッカーは，何が起こったのかを明らかにしました．北アメリカの氷床が後退すると，淡水性の融解水からなる巨大な湖がカナダの中央部にでき，現在の五大湖をはるかにしのぐ大きさになりました．最初の段階では，その湖水は岩石質の山脈の上を流れくだり，ミシシッピ川へと注いでいました．氷がさらに後退すると，セント・ローレンス川を東へと流れくだるような新たな流路が開けました．その結果，冷たい淡水が突然北大西洋へと流入したのです．その水量は非常に膨大であり，海水面の高さが30メートルも上昇するものでした．この水によって塩分に富んだ北大西洋の海水は薄められ，海洋循環のコンベアベルトを停止させたのです．その結果，北大西洋への温暖な海水の北上はなくなり，北極圏の寒冷な環境が再びやってきたの

です．約1000年後に，海洋循環が停止したときと同じくらいのスピードで海水の流れが復活し，温暖な気候に戻りました．

北大西洋の深層水は，南極からの冷たい深層水と一緒になって，インドや太平洋の深層へと流れ込んでいます．この深層水の流れは北太平洋へと達し，ゆっくりと栄養塩類を蓄積したあと，最終的に海洋の表層へと湧き出してくるわけです．

世界的な温室状態

地球の大気中に存在するいくつかの気体は，温室を取り巻くガラスのようなはたらきがあります．太陽光を通過させて地表を温めますが，赤外線放射による熱の散逸を妨げるのです．温室効果がなければ，地球の平均気温は現在よりも15℃も低くなるでしょう．そうなれば生命の存在はほぼ不可能に近いです．主要な温室効果ガスは二酸化炭素ですが，メタンのようなそのほかの気体も重要な役割を果たしています．水蒸気も同様のはたらきがありますが，その効果はときとして忘れられがちです．数億年という時間の経過のなかでは，植物が光合成によって大気中の二酸化炭素を取り除き，動物が呼吸によってそれを大気に戻すように近似的には平衡状態が成り立っています．ほとんど大部分の炭素は石灰岩，白亜（チョーク），石炭といった堆積物として埋没しています．その一方で火山噴火によって，地球内部の炭素が大気へと放出されています．

最近になって，人間活動による大気中の温室効化効果ガス濃度の大きな上昇を意味する増強温室効果という言葉に関心が集まるようになりました．石炭や石油といった化石燃料の燃焼がおもな原因とされていますが，メタンを発生させる農業活動も重要であり，木材や土壌から二酸化炭素を放出させる森林破壊や，二酸化炭素を吸収する植生の減少なども原因となっています．気候モデルによると，こうした活動によって地球全体の気温が次の1世紀の間に数℃上昇するとされています．こうした温暖化には異常気象を伴い，海水準の上昇が伴われます．

気候変動

二酸化炭素濃度の毎年ごとの着実な上昇は，1958年以来ハワイの孤立した火山の山頂で注意深く測定されてきました．過去130年以上にわたる世界各地における注意深い気象観測によって，温暖化の世界平均値が0.5℃であることが示されており，こうした傾向は過去30年間において顕著になっていることが知られています．しかし，天然の気候記録を使えばもっともっと過去にまでさかのぼれます．樹木年輪の記録は，旱魃（かんばつ）や厳しい結氷を記録していることがあり，それらの寿命の範囲内で，山火事の発生頻度を記録していることもあります．保存されている木材の記録をつなぎ合わせて外挿することで，過去5万年前までさかのぼって気候を復元することが可能です．サンゴの成長縞は同様の時間スケールにおいて，海洋表面温度を明らかにしています．堆積物中の花粉は，過去700万年間にわたる植生のパターンを明らかにし

ています．地形や地質からは過去数十億年に及ぶ期間における氷河作用や海水準の変動を明らかにしています．しかし，最もすぐれた記録は，氷床や海洋底堆積物の掘削から得られたものです．氷床コアからは毎年の雪の蓄積量，取り込まれた火山性の塵などがわかるだけでなく，氷に含まれる気泡からは雪と一緒に取り込まれた過去の大気の試料が得られます．水素，炭素，酸素の同位体からは，当時の温度を読み取ることができます．南極とグリーンランドの氷の記録からは，過去40万年前までさかのぼって環境の復元がなされています．この惑星の海底堆積物は，海洋底掘削プロジェクトによって採取されており，過去1億8000万年前までの記録が得られています．堆積物に取り込まれている微化石の同位体比からは，温度，塩分濃度，大気中の二酸化炭素レベル，海洋循環，極氷床の大きさなどが明らかにされています．これらのすべての異なる記録から，気候変動は現実であり，過去の長期にわたる期間は，私たちが現在経験している気候に比べると，相当の温暖な気候だったことがわかりました．

生命のつながり

地球を構成する層のなかで，最も量的に小さい生物圏が，この惑星に対する非常に大きな影響をもっています．生命が存在しなければ，地球は金星と同様に暴走的温室世界へと向かってしまったか，火星のように冷たい砂漠になってしまったでしょう．私たちが生存できる温暖な気候や酸素に富んだ大気はありえなかったでしょう．地球で最初に出現した藻類は，若い地球を取り巻いていた二酸化炭素の毛布を消費する

ことによって，徐々に光度を増している太陽と歩調を合わせていきました．イギリスの科学者ジェームズ・ラブロックは，そうしたフィードバックメカニズムが過去20億年以上にわたって地球の気候を管理してきたと提案しました．彼は，ギリシャの大地の神にちなんで，そうしたしくみに対しガイアという言葉を使いました．彼は，こうした地球環境の制御のしくみに意識とか意図といったものが存在するといったつもりではありません．ガイアには神の力はありません．しかし，生命はバクテリアや藻類といった形を取りつつも，生命が生存可能な状態に惑星を保つホメオスタシスの過程をになう役割を果しているわけです．デイジーワールドとよばれる単純なコンピュータプログラムによると，競合する二つまたは三つの生物種が負のフィードバック機構をはたらかせ，環境が生物にとって生存可能な範囲に収まるように制御されるのです．ラブロックは人類が温室効果を高める活動をすれば，地球のグローバルシステムがそれに適応するのではないかと考えています．その適応は，人類にとって都合のよいものではないかもしれませんが．

炭素循環

炭素は永遠に循環し続けます（図3）．毎年，陸上でのプロセスによって，1020億トンの炭素が大気へと放出されており，ほぼ同じ量の炭素が植物によって吸収されるか，ケイ酸塩質の岩石の風化によって吸収されています．海では，数値は同程度ですが，海洋へ吸収される量がわずかに放出される量を上回っています．この系は，火山からの放出や毎年

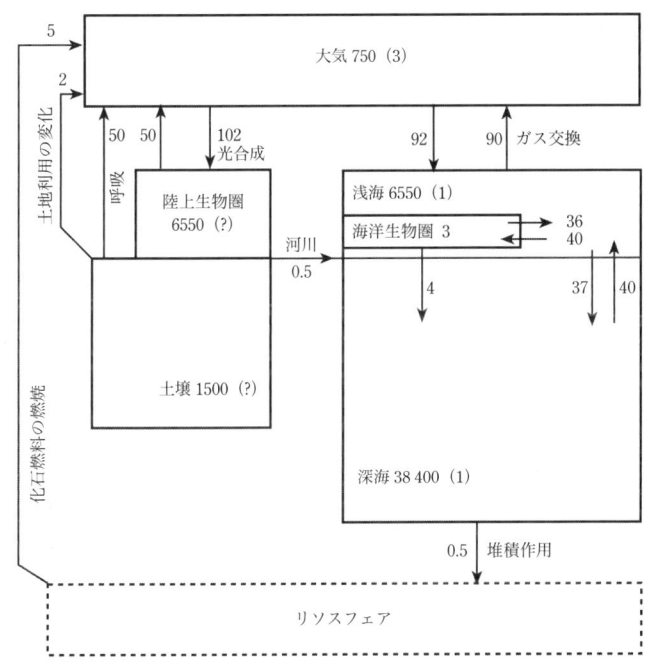

図3 炭素循環．大気，海洋，陸地に貯蔵されている炭素量が簡略化された図で示されている．単位は10億トン．矢印に添えられた数字は，1年あたりにおける貯蔵庫の間の炭素のやり取りを示す．かっこの中の数字は，1年ごとの正味の増加量．化石燃料の消費によるインプットは，ほかのやり取り量に比べれば数字は小さいが，その影響は炭素循環のバランスを崩すほど大きい．

50億トンに達する化石燃料の燃焼による放出がなければ，ほぼつり合っています．大気中にとどまる炭素は非常にわずかで，7500億トンにすぎません．これは陸上の植物や動物に蓄積されている量をわずかに上回るもので，海洋の生物に蓄積されている量をいくぶん下回るものです．これに対し，

海洋に溶け込んでいる炭素の量は膨大で，38兆4000億トンになり，堆積物に蓄積されている量はさらに2000倍にもなります．すわなち，溶解や沈殿といった物理過程は，生物学的な過程に比べてはるかに重要です．しかし，生命はいくつかの重要なカードを握っています．フィーカルペレット（糞塊）の物理的性質の関与がなければ，プランクトンに取り込まれる炭素は再び海水，そして大気中に速やかに戻されてしまいます．動物プランクトンは微小で密度の大きいペレットを排出しており，それらはゆっくりと深海底へと沈んでいって，一時的に炭素循環から取り除かれるのです．

たまねぎ状構造

地球の内部はまるでたまねぎのようであり，いくつかの球状の殻ないし層から成り立っています（図4）．最上部が地殻で，その厚さは海洋で7キロメートル，大陸で35キロメートルです．地殻は固い岩石質のリソスフェアの上部にあり，リソスフェアはマントルの最上部に達しています．リソスフェアの下には相対的にやわらかいアセノスフェアがあります．上部マントルは深さ約660キロメートルまでの領域です．下部マントルの底は2900キロメートルの深さにあります．そこには薄い遷移層（D″層）があって，その下には液体状態で溶融した金属鉄でできた外核があり，さらに中心部は固体状態の内核があって，その大きさは月ぐらいです．しかし，こうした層構造は完全なたまねぎ構造ではありません．それぞれの層には，水平方向に不均質であって，それぞれの層の厚みも場所によって変化しています．そして，これ

らの層の間で絶えず物質のやりとりがあることも，私たちはいまや知っています．私たちのすむ惑星のなかで，完全なたまねぎ状構造からはずれている部分について，今日の地球物理学者たちは最も強い興味と興奮をもって研究を進めています．そしてそこから私たちは地球システムを駆動する過程に対する手がかりを得ることができるのです．

ラバライト

みなさんは1960年代に開発され，その後何度も流行した

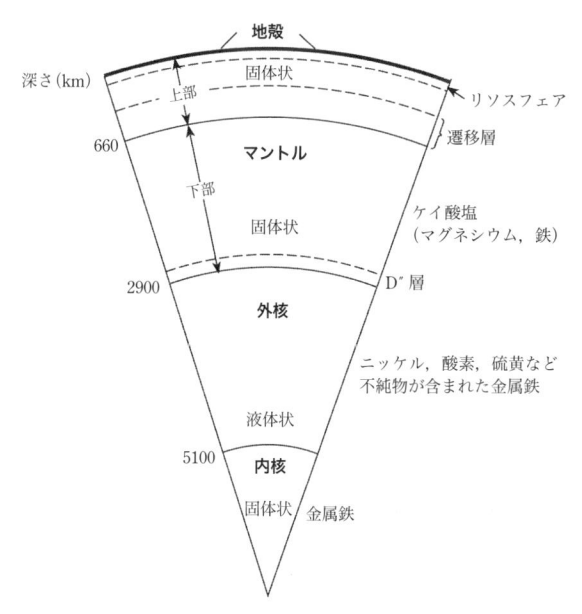

図4 地球を動径方向に切った断面で見た成層構造．たまねぎ状の構造．

第1章 ダイナミックな惑星

ラバライトという照明器具を知っていますか？　それらは地球内部で生じている過程を説明するうえでとてもよいモデルです．スイッチを切ると，赤く丸い塊は透明なオイルの層の底に沈みます．しかし，ランプのスイッチを入れると，オイルの底にある電熱線によって底にある赤い塊が温められて膨張し，密度が小さくなるために，細長いランプのなかを上昇してオイルの上面にやってきます．そして再びゆっくり冷えると，オイルの底へ沈んでいきます．そうです，これは地球のマントルと同じです．地球中心核からやってくる熱や放射性元素の壊変に伴う発熱によって，一種の熱機関が駆動されており，マントルを構成するカチカチではない岩石が，数十億年のうちにゆっくり循環しているのです．こうした物質の循環がプレートテクトニクスを作用させ，大陸移動を引き起こし，火山活動や地震を発生させているわけです．

岩石循環

　地表では，私たちの足元の地下の熱機関と，頭上の太陽からの熱が合わさって，岩石の循環をもたらしています．マントル対流や，大陸どうしの衝突によって形成された山脈は，太陽からのエネルギーによる風，雨，雪などによって侵食され続けています．化学的な過程も同様に作用しています．大気との接触による酸化や，生物から出される酸や溶解した気体による化学的溶解は，岩石を粉々にするはたらきを促しています．大量の二酸化炭素が雨水に溶け込んで弱い酸性を示すようになり，化学的風化作用によって，ケイ酸塩鉱物を粘土鉱物へと変化させています．こうした変化の残存物が入江

地球のデータ	
赤道半径	6378 km
体 積	1.084×10^{12} km^3
質 量	5.9742×10^{24} kg
密 度	5.52 g/cm^3
表面重力	9.78 m/s^2
脱出速度	11.18 km/s
1日の長さ	23.9345 時間
1年の長さ	365.256 日
地軸の傾き	23.44°
年齢	約 46 億年
太陽からの距離	1.47 億 km（最小値）
	1.52 億 km（最大値）
表面積	5.096 億 km^2
陸地面積	1.48 億 km^2
海洋面積	地球表面の 71%
大 気	N$_2$ 78% O$_2$ 21%
大陸地殻	厚み平均 35 km
海洋地殻	厚み平均 7 km
リソスフェア	75 km までの深さ
マントル（ケイ酸塩）	厚み 2900 km
	最深部で 3500 ℃
外核（溶融状態の鉄）	厚み 2200 km
	5100〜5500 ℃
内核（固体状態の鉄）	厚み 1200 km
	5500℃

や海に流れ込み，新しい堆積物として堆積し，最終的には力を加えられて造山山脈の一部になったり，マントルへと引きずり込まれて，マントル深部まで循環しています．こうした一連の過程において，鉱物の結晶構造に取り込まれている水が潤滑剤のはたらきをしています．岩石循環という概念は，

18 世紀にジェームズ・ハットンによって初めて提案されたものですが,彼は,岩石循環の作用が及んでいる地下の深さや,その時間的なスケールについての考えはまったくありませんでした.

これまで,私たちのすむ驚異の惑星地球の表面をちょっと眺めたにすぎません.いまや,私たちは岩石を深く掘り進み,時間をはるか過去にまでさかのぼる段階に至りました.

第2章

深遠なる時間

空間は大きい,非常に大きい……それはあなたにとって,通りをくだって薬屋へ行く遠い道のりのように思うかもしれない.しかし,それは宇宙に対してはピーナツほどのものなのである.
ダグラス・アダムス著,『銀河ヒッチハイク・ガイド』

© David Mann

世界は空間次元において巨大というだけではありません．時間軸において，想像できないくらい遠い過去まで広がっているのです．ジョン・マクフィー，スティーブン・J・グールド，ヘンリー・ジーが深遠なる時間といったことの意味を理解せずして，地質学の概念や地質学的過程について十分に理解することは困難です．

　私たちのほとんどは両親を知っているし，祖父母のことも覚えています．ほんのわずかの人たちは曾祖父母に会ったこともあるでしょう．彼らが若かった頃は，いまからすれば1世紀も前のことになります．今日とは異なった科学的知見や社会の構造からすれば，それは私たちにとって異世界のようなものです．10ぐらい世代をさかのぼると，イングランドはエリザベス1世の統治下であり，自動車や電話は夢でさえも想像されないものであり，ヨーロッパ人は初めてアメリカの探検をしていた時代になります．30世代さかのぼると，1000年前になり，ブリテン島にノルマン人がやってくる以前の時代になります．それは私たちの祖先をたどるのに，連続的に記録された文書が残されるようになる以前の時代です．この時代における祖先が誰であり，どこに住んでいたのかを探るには考古学や遺伝学に頼らざるをえず，私たちは確かなことをいうことはできません．50世代前には，ローマ帝国が最盛期でした．150世代さかのぼると，古代エジプトにおいて巨大なピラミッドが建設されるより前の時代になります．300世代前には，ヨーロッパの新石器時代にまでさかのぼり，その頃はようやく最終氷期が終わったところで，最

新の技術革命として単純な農耕が始まったところでした．この時代になると，考古学によって，私たちの祖先がどこにいたのかを探ることは困難になります．しかし，代々母親たちに受け継がれてきたミトコンドリアのDNAの比較から，おおよその地域が明らかにされています．この時代までの年数にゼロを一つ加えると，3000世代前になり，10万年前までさかのぼります．この時代には，人種ごとに祖先をたどることは困難になります．ミトコンドリアのDNAは，そう遠くない過去に現代人の祖先となる1人の女性がアフリカにいたことを示唆しています．しかし，その時期は地質学的に見るとまだ最近のことなのです．

それから10倍過去にさかのぼった100万年前になると，私たち人類の足取りを見失ってしまいます．さらに10倍過去にさかのぼると，初期の類人猿の祖先を化石の記録を通して眺めるぐらいしかできません．さらなる過去への逆戻りでは，一つの生物種として祖先をたどることはもはや不可能です．私たちの祖先が，多くの化石記録のなかのどれなのかを言及することは困難です．さらに時間を10倍にして，1億年前までさかのぼると，私たちは恐竜の時代にやってきます．私たち人類の祖先は，トガリネズミのようなちっぽけな生き物だったにちがいありません．10億年前には，私たちの祖先は最古の化石のどれかにまでさかのぼりますが，それは最初に認識されている動物の出現より前のことになります．100億年前までさかのぼると，太陽や太陽系はまだ誕生する前であり，現在惑星や私たち自身を形づくっている原子

第2章 深遠なる時間　　31

は，ある星のなかにあった原子炉で料理されている最中でした．時間というものはほんとうに深遠なわけです．

　ここでもう一度，数世代の間に起こる変化について考えてみましょう．歴史的な時間は，地球の年齢に比べると微々たるものです．しかし，数世紀の間にたくさんの火山の噴火があり，破壊的な地震が発生し，大規模な地すべりが発生しています．さらに，破壊的ではない変化をもたらす休むことのない過程があることにも注意しましょう．30世代の間に，ヒマラヤ山脈の一部は1メートル以上も隆起しています．しかし，同時にヒマラヤ山脈は侵食を受けており，その量は隆起量をしのいでいるかもしれません．新しい島が生まれる一方，侵食で消える島もあります．海岸のなかには侵食を受けて陸地が数百メートルも後退し，別の海岸では海面からの高さが保たれ，干上がっています．大西洋の幅は30メートルも広がっています．こうした比較的最近の変化量を10倍したり，100倍したりすることで，地質学的に長い深遠なる時間が経過すると，どのようなことが起こるのかを理解できるようになります．

洪水説と斉一説

　人類は先史時代から化石の存在に気づいていました．例えば，化石化した貝殻をきれいに見せるために使った古代石器が知られています．古代エトルリア人の墓として用いられた部屋には，化石化した巨大なソテツの幹が置かれていました．しかし，化石が何であるかを理解しようという試みは比

較的最近になってからのことです．科学としての地質学は，キリスト教の影響があったヨーロッパで生み出されました．聖書の物語に基づいた信念によって，絶滅した生き物の骨や殻が山脈のなかで発見されることに対する驚きはありませんでした．それらは聖書の記述にある洪水によって死に絶えた動物の死骸とみなされたのです．水成論者とよばれる人々によって提案されたように，花崗岩でさえ，古代の海洋から沈殿してできた岩石とみなされました．洪水のような出来事が神の絶大なはたらきによって発生したという考えは，地球の歴史が激変によって形づくられているというイメージを人々に抱かせ，そうした考えは18世紀の終わりまで一般に受け入れられてきました．

1795年に，スコットランドの地質学者ジェームズ・ハットンは，有名な『地球の理論』という本を出版しています．この本の要約はよく引用されるように，「現在は過去を読み解く鍵である」という言葉で表されます．これは漸進主義あるいは斉一主義の理論とされるもので，地質学的な過程を理解しようとするならば，現在起こっている目に見えないようなゆっくりとした変化に目を向けるべきであり，それらが全歴史を通じて作用してきたと考えるべきだというものです．この理論はさらにチャールズ・ライエルによって発展され，樹立されました．ライエルは，1797年の生まれで，それはハットンが没した年でもありました．ハットンとライエルはともに，創造や洪水といった出来事を宗教上の信念であるとして脇に退け，地球で起こっているゆっくりとした過程には

始まりも終わりもないと提案したのでした．

創造の年代を推定する

地球の年齢を計算する試みは，最初，理神論から生まれました．創造主義者とよばれる人たちが，聖書の記述をそのまま解釈して，（地球の）創造は24時間を1日として7日の間に行われたのだと考えられていました．聖アウグスティヌスは，天地創造に関するコメントのなかで，神の視野は時間を超越しており，創造の日々の1日は，24時間よりもずっと長い時間がかかったと論じました．より広く引用されている推定は，17世紀のアイルランドのアッシャー大司教によるもので，地球は紀元前4004年に創造されたとされましたが，これは最も短い年代の推定値であり，聖書に記述された家父長や預言者の世代交代について，歴史的な記録を注意深く調べることで計算されたものです．

地球の年齢を地質学の基礎を元に最初に推定したのはジョン・フィリップスで，西暦1860年のことでした．彼は，今日における堆積物の堆積速度と，地層として知られている層の厚さの積算値を推定し，地球の年齢が9600万年であると計算しました．ウィリアム・トムソン，のちのケルビン卿は，こうした見積もりに対し，地球が溶融状態だったものが冷えて固まったとして，地球の年齢の推定を試みました．注目すべきことに，彼が導いた最初の年齢は9800万年というもので，よく一致していました．のちに彼はその値を4000万年に下方修正してしまいましたが，そうした年齢は，斉一主

義者にとってはまだ短すぎると考えられていましたし，生物種の起源が自然選択によるとする進化論を提唱したチャールズ・ダーウィンも同様に考えました．

 20世紀に入ると，地球内部の放射能から生じる新たな熱が地球内部を加熱してきたことがわかり，ケルビン卿の考えに基づく地球の年齢はもっと大きな値になるという認識が広がりました．しかし，最終的には，放射能に関する正しい理解によって，私たちが現在知っている地球の年齢の正確な推定値が導かれました．多くの元素は同位体という異なる原子核の構造をもっていて，そのなかのあるものが放射性を示すのです．それぞれの放射性同位体は固有の半減期をもっています．半減期というのは放射性を示す同位体の量が壊変によって半分になるまでの時間です．この性質だけでは年代の推定にはつながりません．最初にどれくらいの原子が存在したのかについて正確な値を知る必要があります．異なる同位体の存在比とその壊変で生成される同位体の存在比を測定することで，驚くほど正確な年代が決定できるのです．20世紀の初期には，アーネスト・ラザフォードが，ピッチブレンドという放射性を示す鉱物を一つ取り出してその形成年代が7億年前であると発表したことで大騒ぎになりました．当時の人々が抱いていた地球の年齢よりもずっと古い年代だったからです．その後，ケンブリッジ大学の物理学者だったR・J・ストラットが，トリウムが壊変して発生するヘリウムガスを集めることによって，セイロン（現在のスリランカ）で採取された鉱物が24億年という古い年代であることを示し

ました.

　放射性元素による年代決定ではウランが有用な元素です. ウランは自然界では二つの同位体が知られています. 同位体というのは, 同じ元素なのに中性子の数が異なるもので, 原子量も異なります. ウラン238はさまざまな中間壊変同位体を経て最終的に鉛206になります. その半減期は45億1000万年です. 一方, ウラン235は7億400万年の半減期で鉛207に壊変します. これらの4種類の同位体の比率を同時に

年代測定に使用されるおもな放射性核種

放射性核種	娘核種	半減期	用　途
炭素14	炭素12	5730年	過去5万年間における有機物の年代測定
ウラン235	鉛207	7億400万年	貫入岩や鉱物の年代測定
ウラン238	鉛206	44億6900万年	古い時代の地殻を構成していた個々の鉱物粒子の年代測定
トリウム232	鉛208	140億1000万年	同　上
カリウム40	アルゴン40	119億3000万年	火山岩の年代測定
ルビジウム87	ストロンチウム87	488億年	花崗岩質の火成岩や変成岩の年代測定
サマリウム147	ネオジウム143	1060億年	玄武岩や古い隕石の年代測定

測定することと，壊変の過程で蓄積されたヘリウムの量を測定することで，正確な年代が求められます．1913年にアーサー・ホームズがこの方法を用いて，過去6億年にわたる地質年代に対するすぐれた推定値を提示しました．

　放射性年代測定技術の成功は，質量分析計の威力によるところが少なくありません．質量分析計は個々の原子を質量によって分け，わずかな試料中に含まれる微量成分に対し，同位体の比率を決定するものです．しかし，その精度は，半減期や初期の同位体存在度の測定精度のほか，壊変生成物が試料から散逸していないという仮定が妥当であるかどうかといった要因による影響を受けています．ウラン同位体の半減期は，地球の歴史の初期にできた岩石の年代を測定するのに適しています．炭素14の半減期はたった5730年です．それは大気中で宇宙線の作用によって一定の割合で絶えず生成されています．炭素は植物に取り込まれますが，植物体が枯れると，新たな放射性炭素の取り込みは行われなくなり，炭素14が壊変することによって，時計の刻みは進んでいきます．したがって，炭素14は考古学的な遺跡などにおける樹木の年代測定に適しています．しかし，大気中の炭素14の存在度は宇宙線の照射量の変動に伴って変化してきたことが明らかにされています．こうしたことは，樹木の年輪を数えることによる独立した年代決定の方法を確立することによってはじめて明らかになったことです．炭素を用いた年代測定法については，2000年までについては樹木年輪数との比較によって補正することが可能になっています．

地質年表

　崖のような場所で堆積岩の露頭を観察したとしましょう．そこにはいくつもの層が認められるでしょう．ときには洪水と旱魃がくり返したことに対応するように1年ごとの地層を観察できることもあります．多くの場合は，突発的で破壊的な出来事を示す層があったり，数十万年や数百万年といった年月の間に絶え間なく堆積物が供給されてできた地層が見られるでしょう．後者の場合，環境の変化が起こり，地層を構成する岩石の種類がしだいに変化していることがあります．アリゾナのグランドキャニオンで見られる地層のように，古い時代の岩石が深く侵食されて露出しているところがあり，そうした場所では数億年にわたる地層が積み重なっていることがわかります．物事を分けたり，分類したりするという営みは人間のもつ本能によるものです．多くの層からなる堆積岩はやりやすい対象です．しかし，水平な地層面を崖のせまい露出部で見ていると，そうした地層が世界の至るところまで連続して分布しているわけではないということを忘れてしまいがちです．地球表面全体が一つの浅い海で覆われていて，そこで同じように地層がたまるなんていうことは決してありません．今日地球には，川や湖があり，海があり，砂漠があり，森林や草原があるように，過去においてもさまざまな堆積環境があったのです．

　イギリスの土木技師だったウィリアム・スミスは，19世紀の初期に，地層のもつ意味を読み取り始めました．彼はイギリスに新たに構築される運河のネットワーク建設のための

測量をしている間に，異なる地域に露出している地層で，同じような化石が含まれることに気づきました．ときには，岩石の種類もよく似ていたり，別のところでは化石の種類だけが似ていました．こうした事実から彼は，異なる場所の岩石を対比し，一連の積み重なりとしてまとめることができました．その結果，彼は世界初の地質図を描いたのです．20世紀になると，岩石の対比は異なる大陸にまで及んでおり，世界全体に適用できる，地質時代を一連の地層の積み重なりとして表したものが出版されるようになります．私たちが今日，地質年表とよんでいるものは，さまざまな方法を駆使してつくり上げられたもので，長い年月の間に改定がくり返され，国際協力によって合意がなされているものです（図5）．

生物の絶滅，不整合と激変

　地質年表に見られる変化には大規模なものと小規模のものがあることは明らかです．こうした場所は，地質学的な過去をいくつかの時代，紀とか世という言葉で表される期間に分けるのに都合がよいものです．こうした時代の境界で，岩石の性質に突然のように大きな変化が認められ，大きな環境の変化があったことがわかります．また，頻繁に不整合とよばれているものがはさまれています．これは海水準の変動などによって，地層が堆積されなくなったり，地層が侵食を受けて削られた時期を示すものです．そうしたところでは，化石の種類で示される動物相の大きな変化を伴うことがあり，そうした場所では多くの生物が絶滅し，新たな生物が出現しています．

地質年表

累代	代	紀		世	
顕生代	新生代	第四紀		完新世	0.01
				更新世	1.8
		新第三紀		鮮新世	5.3
				中新世	23.8
		古第三紀		漸新世	33.7
				始新世	54.8
				暁新世	65.0
	中生代	白亜紀		後期	
				前期	142
		ジュラ紀		後期	
				中期	
				前期	205.7
		三畳紀		後期	
				中期	
				前期	248.2
	古生代	ペルム紀		後期	
				前期	290
		石炭紀	ペンシルベニア紀	後期	323
			ミシシッピ紀	前期	354
		デボン紀		後期	
				中期	
				前期	417
		シルル紀		後期	
				前期	443
		オルドビス紀		後期	
				中期	
				前期	495
		カンブリア紀		後期	
				中期	
				前期	545
先カンブリア時代	原生代				2500
	太古代				4000
	冥王代				4560

図5 地質年表. 時間目盛は等間隔ではない. 表の右隅に示された時代境界の年代は, 2000年に開催された国際層序学委員会で合意された値.

地質学的な記録におけるいくつかの時期においては，そこでの生物絶滅の激しさが際立っています．カンブリア紀の末，ペルム紀の末は，いずれも海生無脊椎動物の科のレベルで50％，種で見ると95％に達する生物種が絶滅しています．三畳紀末やデボン紀後期の絶滅では，科のレベルで30％，それよりいくぶん低い26％の絶滅率です．最も新しい時代で，とても有名になっているものが6500万年前の白亜紀末の生物絶滅です．この出来事は，K/Pg境界*とよばれるもので，最後の恐竜が絶滅しただけでなく，その原因に対する証拠が見つかっています．

宇宙からの脅威

　ウォルターとルイス・アルバレズ父子によって最初に提案された，絶滅が天体衝突によるものだったという学説は，当初はほとんど科学的な支持が得られないものでした．しかし，地層の重なりで絶滅に相当するところに薄い地層が挟まっており，そこにある種の隕石に多く含まれる元素であるイリジウムの含有量が高かったことが発見されました．しかし，その年代に対応する衝突クレーターは発見されていませんでした．その後，メキシコのユカタン半島沖に，直径200キロメートルの埋没した衝突クレーターが存在するという証拠が陸上ではなく海洋の調査からもたらされました．さらに広い範囲で，衝突で飛び散った瓦礫が見つかりました．計算から示唆されたのですが，もし直径10キロメートルもの小惑星か彗星が地球に衝突したとしたら，その結果は極めて破壊的なものだったでしょう．衝突そのものの影響だけでな

く，大きな津波が発生したでしょうし，大量の岩石が蒸発し，地球を取り巻く大気中に広がったでしょう．最初のうちは，非常に高温になり，放射熱によって陸上では山火事が発生したでしょう．衝突で飛び散った塵は大気中に数年にわたって浮遊しており，太陽光を遮りました．これは世界的に真冬のような寒冷化をもたらし，食べ物となっていた植物やプランクトンが死滅してしまいました．衝突地点の海成層には，硫酸塩鉱物に富んだ岩石が含まれており，それらも蒸発したでしょう．これらが大気から除去される過程で致死的な酸性雨も降ったと考えられています．いかなる生物も生き長らえることができなかったとしても驚くことはないような状況でした．

内なる脅威

どの生物大量絶滅に対しても，どうして絶滅が起こったのかを理解することは容易ではありませんでした．いまでは，それを説明する学説が多く存在しており，それらのどれが有力かを見極めることは困難です．多くの学説には気候変動が深くかかわっていますが，その原因にも天体衝突，海水準の変動，海洋循環，温室効果ガスといったものや，地球内部変動によるリフト（地溝帯）の形成，大規模火山活動などがあります．私たちが認識している大量絶滅の多くは，大規模な洪水玄武岩の活動と時期的な対応関係があるように見えます．白亜紀末については，インド西部のデカン高原で大規模な活動がありました．巨大な小惑星の衝突によって衝撃波が発生し，衝突した場所の反対側で衝撃波が重なりあって火山

噴火の引き金になったという提案まであります．しかし，時期的あるいは空間的な観点からは十分な説得力のある説明にはなっていないようです．理由がどのようなものであれ，生命と地球の歴史は，断続的に破壊的な出来事がくり返してきました．

カオスの支配

　私たちは，例えば過去 10 年間における，厳しい冬，洪水，嵐，旱魃といった際立った気候学的な出来事についてはよく覚えています．記録を 1 世紀もたどっていくと，より大きな出来事が見つかる可能性が高まります．専門家は，海岸や河川の護岸工事の設計をするときに，「100 年に一度」という概念をよく使います．100 年に 1 回程度の頻度で発生する大洪水にももちこたえるような設計をするというわけです．100 年に 1 回の出来事は 10 年に 1 回程度の出来事よりも大規模になる可能性があります．しかし，もしこうした考えを 1000 年とか 100 万年という時間スケールにまで拡張するなら，もっともっと大規模な出来事が起こりうることになります．ある理論によりますと，こうした状況は洪水，嵐，旱魃といったものから地震，火山噴火，天体衝突にまで適用できます．地質学的な時間スケールでは，用心したほうがよいでしょう．

さらなる深遠な時間

　本によっては地質年代をカンブリア紀の始まりである，たったの 6 億年前までしか示されていないものがあります．し

かし,それは地球の歴史の最初の40億年を無視しています.先カンブリア時代の岩石における最大の問題は,それらが理解の及ばない代物だということです.カリフォルニア大学のビル・ショップ教授は,そうした意味をフバリティックという言葉で表しました.地球内部で絶え間なく生じる火成活動や造山運動といったテクトニックな過程による岩石の再処理や,地上での容赦のない風化や侵食作用にもかかわらず,残されているわずかな先カンブリア時代の岩石は,激しい褶曲を受けたり,変成作用を受けてしまっているのです.しかし,非常に澄み切った夜に,大地に目を下ろすのではなく,月を見上げることで,40億年以上も古い岩石を見ることができます.月は冷たく,死に絶えた世界であり,火山や地震はなく,地表を新しくする水や風化作用がないのです.その表面は衝突クレーターで覆い尽くされていますが,その衝突は太陽系にたくさんの小天体が飛び交っていた,初期に起こったものです.

地球に残された先カンブリア時代の岩石は,長く,魅力的な歴史を語ってくれます.それはダーウィンが考えたような,生命の痕跡がまったく見られないといったものではありません.実際に,先カンブリア時代の終わりに相当する6億5000万年前から5億4400万年前の地層から,たくさんの風変わりな化石が見つかっています.そうした化石の産地は南オーストラリア,ナミビアやロシアなどです.その直前の時代には,非常に厳しい氷河時代がありました.この氷河時代には,「スノーボール・アース」という言葉が使われていて,

世界の海洋が全面的に凍りついた可能性が明示されています．不可避的に，これは生命にとって大きな後退であり，それ以前には多細胞動物の証拠はほとんどありませんでした．しかし，バクテリアやシアノバクテリア，糸状性の藻類など，微生物の証拠は豊富にありました．オーストラリアや南アフリカでは，35億年前の地層からフィラメント状の微生物化石が発見されています．また，38億年前のグリーンランドの岩石の炭素同位体比では，生命の存在を示す化学的な証拠といわれるものが発見されています．

地球の歴史の最初の7億年は，とても生命が生存できるような状況とはいえませんでした．恐竜を絶滅させた衝突とは比べ物にならないほどの大規模な天体衝突がくり返したのです．このときの激しい爆撃の傷跡は，現在でも「月の海」とよばれる月にできた盆地に残されています．月の海自体が巨大な衝突でできた盆地に，地下深くにあったマグマが溢れ出して低地を埋め尽くした場所なのです．そうした衝突は地球でも起こったに違いなく，地表のかなりの部分は融解したり，初期の海洋は蒸発してしまったと考えられています．私たちの地球に存在する水は，彗星の衝突や，火山ガスとして地中から染み出してきたものなのかもしれません．

生命の夜明け

かつて，地球の原始大気は，メタン，アンモニア，水，水素といった気体の混合物でできていて，原始的生命を生み出す炭素化合物の材料になったと考えられていました．しか

し,今日では,若い太陽からの強い紫外線放射によって,これらの分子は破壊され,二酸化炭素と窒素からなる大気ができ上がったとされています.生命がどのようにして発生したのかについては,誰もまだはっきりしたことがいえません.生命は地球外からやってきたという説や,火星やほかの天体から隕石とともにやってきたという主張まであります.しかし,実験室での研究が始められてからは,ある種の単純な化学反応系で,どのようにして自己組織化が始まり,自己複製の触媒としての機能が生み出されていったのかが解明されようとしています.現在地球に生息する生命体の分析からは,最も始原的な生物が,有機物を取り込んで生きるようなバクテリアや太陽光を使って光合成を行うようなものではなく,深海の熱水噴出孔で見られるような化学的なエネルギーを使うものだったと提案されています.

35億年前までに,顕微鏡サイズのシアノバクテリアや,議論の余地がありますが始原的な藻類が存在するようになりました.それらは池に浮かんでいる黄緑色の泡の塊のようなものだったと考えられています.それらは劇的な影響を与え始めました.光合成のためのエネルギーを太陽光から取り入れ,大気中から二酸化炭素を吸収し,実際には大気の毛布(温室効果のある気体)を消費していきました.大気の毛布は温室効果をもっていて,太陽活動が弱かった時代に,地球を暖かく包んでいたものでした.光合成による二酸化炭素の消費の結果として,先カンブリア時代の後期に氷河作用をもたらしました.しかし,その前の段階で,知られているなか

で最も深刻な汚染事件をまねきました．光合成によって，それまでに地球にはほとんど存在していなかった気体が放出されたのです．その気体は酸素で，おそらく生命にとっては有害だったのです．最初，それは大気中に長くは存在せず，海水に溶けていた鉄と反応して取り除かれました．その結果，縞状の酸化鉄の地層が堆積していきました．文字どおり，世界は錆びていったのです．しかし，光合成が継続していって，24億年前頃になると，大気中に酸素が蓄積され，酸素呼吸をして植物を食べる動物が繁栄していくようになりました．

地球の誕生

　45億年前頃，いく世代もの星が生み出したガスや塵の巨大な雲が存在していました．それは，近くで爆発した恒星，すなわち超新星からの衝撃波が引き金となって，重力作用によって収縮し始めました．この雲のゆっくりした回転運動は収縮するにつれて加速され，原始星のまわりに平たい円盤状の塵をまとうようになりました．結果的に，中心にあった物質は，おもに水素とヘリウムからできていましたが，十分に圧縮されてその真ん中の領域では核融合が始まりました．太陽が輝き出したのです．原始太陽からは電荷を帯びた粒子からなる風が外側に吹いて，周辺の塵が一掃されました．星雲の内側の領域では，不揮発性のケイ酸塩鉱物だけが残されました．その外側では水素やヘリウムの濃度が濃くなり，土星や木星のような巨大なガスからなる惑星が生まれました．水，メタン，窒素などでできた揮発性の氷は，さらに遠くま

で吹き飛ばされ，外惑星やカイパーベルト天体，彗星などになりました．

　内惑星である，水星，金星，地球，火星は，集積という過程で形成されたものです．集積は固体でできた粒子がお互いに衝突して，壊れたり，合体したりする過程です．結果として，大きな塊が十分な重力をもつようになり，まわりの粒子を集めて大きくなっていきます．塊は大きくなるにつれて，衝突のエネルギーが大きくなるので，岩石を融解させ，最も重い金属鉄に富んだ鉱物が沈んでコアが形成されるような分離が起こります．新しく生まれた地球では，衝突や，自己収縮による重力エネルギーの解放，あるいは放射性元素によって加熱され，内部は高温で，部分溶融状態になりました．原始太陽系の星雲中に含まれる放射性同位体は，そう遠い昔ではない超新星爆発によって生成されたもので，まだ放射性発熱が続いていたようです．したがって，初期の地球にどれくらい液体の水が存在していたのかは，よくわかっていません．原始大気は太陽風によって吹き飛ばされてしまったのかもしれません．

岩のかけら

　月がどのようにできたのかは，科学の世界で大きな謎でした．月の組成，軌道運動，自転の性質は，月が若い地球から分裂してできたとか，偶然地球のそばにやってきて重力的に捕獲されたとか，地球のすぐそばで集積によってできたというアイデアと矛盾していました．しかし一つの仮説だけは有

力視され，コンピュータモデルによって説得力のあるシミュレーションがなされています．火星ぐらいの大きさの原始惑星が関与したというものであり，それは太陽系が誕生してから 5000 万年ぐらい経過した頃に，地球に衝突したというのです．衝突した天体にも金属核があり，地球の中心核と合体して一つになりました．衝突の威力によって，地球の内部はほぼ全体的に融解しました．衝突天体の外側の部分と，地球の物質が一緒になって蒸発して，宇宙空間に飛び出しました．その多くは地球をまわる軌道上で再び集積して月ができたのです．この破局的な出来事によって，地球は月を携えるようになりました．それは地球を安定化させる効果を備えていて，これによって自転軸がカオス的に動き回らないようになり，地球は生命の棲み処としてより快適な場所になったのでした．

(*訳注) 白亜紀を意味するドイツ語（Kreide）の頭文字と第三紀を意味する英語（Tertiary）の頭文字を取って，K/T 境界とよばれてきたが，第三紀という用語は使われなくなり，古第三紀（Paleogene）が正式用語になったため，現在では K/Pg 境界とよばれている．

第3章

地球の深部

© David Mann

　地球の表面は相対的に薄く，冷たくて硬い地殻で覆われています．海洋の下の地殻の厚さは7〜8キロメートルで，大陸の下では30〜60キロメートルの厚さがあります．地殻の下面はモホロビチッチの不連続面とかモホ面とよばれていて，そこで地震波が反射しています．その理由は地殻とその下の比重の大きなマントルで化学組成が異なるためです．リ

ソスフェアとよばれる地球表面を覆う硬くて冷たい層は，地殻とマントルの最上部からできています．全体として，大陸のリソスフェアは250キロメートルぐらいで，300キロメートルの厚さをもつ場所もあります．リソスフェアは海洋下では薄く，中央海嶺系に近づくと，厚さ7キロメートルの地殻よりいくぶん厚い程度になります．しかし，リソスフェアは地球をとりまく1枚の剛体的な層ではありません．それはプレートとよばれる板の集まりとして区分されています．プレートの運動は地球深部でどのような営みがあるのかを探る主要な手がかりです．地球で何が起こっているのかを理解するには，地殻より下の部分を探査しなければなりません．

深部掘削

地球深部はたった30キロメートルのところでさえ，誰も行ったことがない場所です．もしその距離が水平方向であれば，バスに乗って容易に行くことができます．しかし，足元から地中へ向かって同じ距離を進むと，そこは想像できないほどの温度と圧力になっています．どこの鉱山でもその深さまでのトンネルはありません．1960年代に石油探査業界の海底掘削技術を駆使して，海洋底をまっすぐ下へと掘削し，マントルへ到達するという提案がなされました．それがモホ計画というものでした．この計画には莫大な費用がかかることと大きな困難を抱えていたため中止になりました．ロシアのコラ半島とドイツにおける陸上掘削は，1万1000キロメートルの深さまで到達したところで断念されました．その深さになると岩石の掘削そのものが困難になるだけでなく，温

度と圧力によって掘削器具の部品が軟化したり，掘削して空いた孔に力が加わって孔が押しつぶされてしまうのでした．

地球深部からの手紙

マントル物質を直接採取する一つの方法があります．その場所は深い根をもつ火山からマグマが噴出してくるところです．火山の火口から噴出するほとんどのマグマは，母岩が部分溶融して生じたものです．ですから，例えば玄武岩は完全なマントルの岩石というわけではありません．しかし，玄武岩には深部に何があるかを知る同位体の手がかりが含まれています．例えば，ハワイのように，非常に深い根をもつ火山からでてきた玄武岩には，質量数4のヘリウムに対する質量数3のヘリウムの割合が高く，初期太陽系の物質と似た組成をもっているのです．こうした事実から，地球深部のどこかに初期の始原的な物質が横たわっていて，そこから玄武岩がやってきたものと考えられます．このヘリウムは火山噴火によって枯渇していき，放射性元素の崩壊でできたヘリウム4が徐々に付け加わっていきます．中央海嶺の玄武岩はヘリウム3に枯渇しています．このことは，中央海嶺玄武岩がリサイクルした物質に由来するもので，先行した火山噴火で初期のヘリウムはすでに失われていて，その起源はマントル深部ではありません．

激しい火山噴火では，マグマ中にマントルの岩石が取り込まれて地表まで運ばれることがあります．こうした岩石はゼノリス（捕獲岩）とよばれていますが，融解していない状態

でマグマとともに地表に運ばれてきたものです．それらは，かんらん岩のように，一般に比重が大きく，暗い色をして緑色の鉱物を含んでいて，鉄とマグネシウムを含むケイ酸塩鉱物であるかんらん石を多く含んでいます．同様の岩石は造山山脈の深部でも発見されることがあり，衝上断層の運動で地下の非常に深いところから突き出すようにもち上げられたものです．

ゆっくりした流動

　カンタベリー教会の見事な中世のステンドグラスも，地球のマントルの性質について何かを語りかけています．その窓は色のついた小さいガラス板が鉛性の枠にはめられたものです．色のついたガラスを通過してきた太陽光を見ると，ガラスのなかには，上部が透明で下部が曇っているものがあることがわかるでしょう．これはガラスの流動によるものです．技術的には，これは過冷却の流体ということができます．何世紀もの間に，重力によってガラスは下にたわみ，ガラスは下部で厚みを増しています．しかし，さわったり，(そんなことはありえないのですが) ハンマーで叩いたりすれば，ガラスは固体として振る舞います．地球のマントルを理解する鍵は，ケイ酸塩質の岩石も同様に融解してもいないのに流動するということです．事実，個々の鉱物粒子は耐えず形を変えており，クリープ (一定の力を受け続けていると，固体物質がゆっくりと変形していく現象) として知られているような変形を伴っています．その結果として，マントルは非常に大きな粘性をもっていて，非常に厚く粘っこい糖蜜のような

ものだというわけです．

惑星のボディスキャン

　地球内部構造に関する明白な手がかりは地震学的研究から得られています．地震が起こると地震波が地球の至るところに伝わります．光がレンズで屈折したり，鏡で反射するように，地震波は地球内部を伝わっていき，異なる層の境界で反射します．岩石の温度が高くて柔らかいところと低くて硬いところでは地震波の伝わる速度は違います．温度が高いところでは岩石は変形しやすく，地震波速度は遅くなります．地震波には2種類の波があり，P波は，速度が速く，地震計に最初に到達します．続いてS波が到達します．P波は圧力波であり，進行方向に対して押し引きするように振動します．S波はせん断波で，液体中を伝わることはありません．S波を詳しく研究することで，地球内部に溶融状態の外核があることが初めて明らかにされました．一つの地震計で地震波を観測しても，あまり多くのことはわかりません．しかし，今日では数百もの高感度地震計からなる観測網が地球表面を網羅するように展開されています．毎日たくさんの小地震が発生しており，地震波を放射しています．それはまるで，病院にあるボディスキャナで，患者に対してあらゆる方向にX線源と検出器を配置して，コンピュータを使って身体の内部を3Dでイメージングするのと同じような結果をもたらしています．病院での検査はCATスキャンといわれていて，CATはコンピュータ断層撮影という言葉の英語の頭文字を取ったものです．地球全体に対しては，地震波トモグラフィ

といいます.

地震計の世界的観測網は,グローバルスケールでものを見るには最適です.これによって,マントル全体の層構造がわかりますし,数百キロメートルのスケールでの温度の高低による地震波速度の違いが明らかにされています.地震計の空間配置をもっと密にした観測網もあります.こうした観測網は当初地下核実験を監視する目的でつくられたものです.いまでは,地球物理学者たちは,地質学的に興味がわく地域を選んで新たに観測網をつくり,マントル深部においてさえも数キロメートルといった空間分解能で地下の構造を明らかにしようとしています.このように見ていくと,構造というものはいかなるスケールにおいても存在しているようです.地球全体をスキャンすることで明らかになったことは,層構造です.深さ約2900キロメートルのところには,液体の外核があって,そこではS波は伝わりません.しかし,マントルではいくつかの興味深い構造が明らかになっています.すでに述べたように,地殻の下面にはモホロビチッチの不連続面があります.硬いリソスフェアの下面にも不連続面があります.その下にあるアセノスフェアは柔らかく,地震波速度は遅くなっています.深さ410キロメートルと660キロメートルには明瞭な層境界があります.また,それらに比べると顕著ではありませんが,520キロメートルの深さにも層境界が認められています.マントルの底でも地震波速度の不連続があり,そこにある層はD″層あるいはDダブルプライム層とよばれています.その厚さは250キロメートルですが,場

所によって厚さにばらつきがあることが知られています．

　地震波トモグラフィは，もっと微妙な構造も明らかにしています．本質的に，温度が高く柔らかい岩石と比べると，冷たい岩石はより硬く，地震波速度は速くなります．年代が古く，冷えて冷たくなった海洋地殻が，海溝のところから大陸の下に沈み込んでいる場所では，沈み込んだスラブで地震波が反射するので，スラブがマントルへ沈んでいく様子が明らかにされています．高温の中心核からマントルの下面に熱が伝わっているところでは，岩石が柔らかくなって，巨大なプルームとなって上昇運動が起こっているように見えます．

　マントルは神秘に満ち溢れています．それは一瞥しただけでは矛盾だらけのように見えるかもしれません．固体であるにもかかわらず流動しているのです．マントルはケイ酸塩鉱物からなる岩石でできていて，良好な断熱材です．しかし，44テラワット（1テラワット＝1兆ワット）もの熱が地表へと輸送されています．熱伝導だけでどうしてこれほどの熱が輸送されているのか理解に苦しみます．しかし，もし対流運動があるならば，マントルはよく混ざっているはずです．そうだとすると，なぜ層構造があるのでしょうか．海洋にある火山から噴出するマグマは，トレーサーとなる同位体で見ると，マントル全体の平均値とは異なる成分が混合しているように見えるのですが，混合を受けていない領域や層構造がないとすれば，これはどういうことなのでしょうか．こうした謎を解明することが，近年の地球物理学における主要な研究

分野となっています．

マントルを覗くダイヤモンドの窓

　地球深部を探るすぐれた方法の一つに，地球深部における岩石の性質を理解するというものがあります．地球の岩石がどのようなものかを知るためには，そこでの非常に大きな圧力を再現する必要があります．驚くべきことに，それは親指と人差し指でできるのです．そのトリックは，品質が高く，宝石に値するダイヤモンドを2個確保し，それらを宝石業者がブリリアントカットとよんでいる形に加工し，その先端部の表面を完全な平面にすることです．その面が向かい合わせになるようにダイヤモンドを万力（バイスともいう）にセットし，その間に顕微鏡で見えるぐらいの小さい岩石試料を挟みます．そして，指でつまみをまわして，二つの面がせばまるように力を加えていきます．この力を，二つの小さなダイヤモンドからなるアンビルの先端部に集中させることで，ねじをまわすだけで，大気圧の300万倍の圧力（300ギガパスカル）を発生させることができます．都合がよいことにダイヤモンドは透明なので，レーザー光を当てることで岩石試料を加熱することができますし，試料の様子を顕微鏡やそのほかの装置で観察することもできます．これは文字どおり，マントル深部で岩石がどのようになるかを調べる窓のようなものなのです．

　ビル・バセット教授は，ある日，コーネル大学の研究室で，ダイヤモンド・アンビルの間に小さな結晶をセットして

研究していました．彼は圧力を加えていきましたが，大きな変化は見られませんでした．そこで昼食をとりに行くことにしたのでした．部屋を出ようとしたとき，アンビルから何かが割れるような音が聞こえました．彼の高価なダイヤモンドが割れたかもしれません．彼は急いでアンビルのところに戻って，顕微鏡を覗いてみました．ダイヤモンドは大丈夫でした．しかし，試料は高圧型の結晶へと突然変化したのです．これは相転移とよばれている現象です．化学組成には変化はなく，結晶構造が変化し，この場合はより密度が大きくなるような結晶格子をもつようになったのです．

私たちは，ゼノリス（捕獲岩）の組成を調べることで，上部マントルがかんらん岩のような岩石でできていることを知っています．かんらん岩には，かんらん石という鉄とマグネシウムを含むケイ酸塩鉱を多く含みます．かんらん石をダイヤモンド・アンビルに挟んで，圧力を上げていくと，一連の相転移が見られます．14ギガパスカルの圧力になると，それは地球内部では410キロメートルの深さに相当しますが，かんらん石はウォズレアイトという新しい高圧鉱物へと相転移します．18ギガパスカルの圧力は，深さ520キロメートルですが，この鉱物はさらにリングウッダイトへと相転移します．これはスピネルとよばれる鉱物の一種です．さらに，23ギガパスカルでは，深さ660キロメートルに相当しますが，ペロブスカイトと，鉄とマグネシウムの酸化物であるマグネシオウスタイトという二つの鉱物に分解します．こうした相転移が起きる深さは，地震波が反射する深さとぴたりと

一致していることに気づきます．ですから，地球内部の層構造は化学組成の違いによるものではなく，結晶構造の変化によるものであることがわかります．

二つのボイラー？

マントルは，660キロメートルの深さにある不連続面で，上部マントルと下部マントルに分けられます．これは非常に顕著な構造であり，この境界を巡って激しい論争になっています．マントル全体が一つの巨大な対流として循環しているという立場と，上部マントルと下部マントルが分離していて，それぞれで対流が起こっていて，物質のやりとりはほとんどないという，いわば地球内部にボイラーが二重にあるという立場です．歴史的に見ると，地球化学者たちは，上部マントルと下部マントルの化学組成の違いを重視し，二重構造をしていると考えてきました．一方，地球物理学者たちはマントル全体が一つの対流をしているというモデルが好ましいと考えてきました．今日では，マントル全体が対流しているということはありうるけれども，それには困難が伴うという妥協的な解決案が出されていて，どちらの立場も正しいということになっています（図6）．地震波トモグラフィによって得られたデータは，当初ボイラーが二つあるという考えを支持しました．地震学的なスキャンによって，沈み込んだ海洋地殻からなるスラブが660キロメートルの速度異常域に向かって沈み込んでいることが明らかにされました．しかし，それらはこの不連続面を貫いてさらに深いところへ達しているように見えなかったのです．沈み込んだ物質は，何億年も

のあいだ，そこで横に広がりつつ蓄積されているようでした．しかし，さらなるスキャンが行われた結果，蓄積した物質がなだれのように不連続面を突き破り，下部マントルを沈んでいき，核の上面にまで達していることが明らかになったのです．

1994年6月，ボリビアで大きな地震がありました．震源が深く，640キロメートルの深さだったため，被害はわずかでした．しかし，それほどの深さだと，岩石は柔らかくなっており，破壊するはずはありません．そこは，太平洋の古い

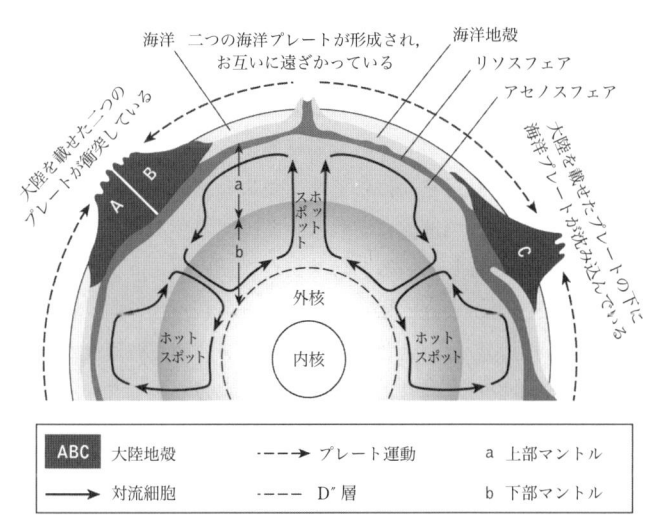

図6 地球内部の対流様式の概念図．プレート境界やプレート運動がどのように関係しているかが示されている．わかりやすくするため，動きは単純化され，リソスフェアの厚みは誇張されている．

海洋地殻がスラブとなってアンデス山脈の下に沈み込んでいる場所でした．その地震の原因は，スラブを構成する岩石がいっせいに密度の大きなペロブスカイトへと結晶構造を変えるかのような，カタストロフィック（破局的）な相転移が起こったに違いありません．スラブが下部マントルにまで沈み込んでいくには，そうした相転移は不可欠でしょう．この説明は，マントルの層構造に関する一つの謎と深発地震の謎を一気に解決するものでした．

　説明を要する現象はまだまだあります．例えば，太平洋のトンガ海溝では，海洋地殻のスラブは，毎年250ミリメートルの速度でマントルへ沈み込んでいますが，これは温度からして速すぎます．沈み込んだ物質はちょうど300万年で上部マントルの底に達するので，そこで溜まるにしても，下部マントルへ沈んでいくにしても低温状態であることは間違いありません．しかし，そこにはそうしたスラブの証拠が見られないのです．一つの理論によれば，すべてのかんらん石が高密度の鉱物へ転移しているわけではなく，古いスラブは上部マントルで浮力が中立的になっているというわけです．低い温度と鉱物組成を組み合わせると，スラブの地震波速度がほかのマントル物質と同じになっていて，水のなかでグリセリンの層が見えないのと同様に，容易に検出できないとうわけです．フィジー諸島の下にある深部マントルでは，そうしたスラブの存在に関する，じれったくなるほどのかすかな地震学的証拠が見つかっています．

ダイヤモンドに含まれているメッセージ

　ダイヤモンドは炭素のみでできている高圧鉱物です．地球深部では深さ100キロメートルより深い場所で形成されます．場合によってはもっと高い圧力が必要なこともあります．炭素同位体比の研究によれば，ダイヤモンドは，沈み込んだ海洋地殻に含まれていた，おそらく海底堆積物中の炭酸塩鉱物に由来する炭素が元になってつくられたものです．ダイヤモンドには，ほかの鉱物が包有物として含まれていることがあります．それは不純物であり，宝石商の間で人気のあるものには含まれてはいないのですが，地球化学者たちにとっては探し求めているものです．これらの包有物の詳細な解析から，ダイヤモンドが形成されてからマントル中での移動に関する長く，曲がりくねるような歴史を読み解くことができます．

　包有物の中には，マグネシウムケイ酸塩鉱物である，エンスタタイトとよばれている鉱物が含まれていることがあります．エンスタタイトは元々ケイ酸塩のペロブスカイトであり，下部マントルからやってきたと考える研究者もいます．その根拠は，上部マントルで見つかるエンスタタイトに比べて，ニッケル含有量が10％程度しか含まれていないという観察事実です．下部マントルの温度，圧力条件では，ニッケルはフェロペリクレースという鉱物に取り込まれる傾向があります．この鉱物もダイヤモンドに含まれる包有物を構成する鉱物の一種で，ニッケルを多く取り込む性質があるため，共存するマグネシウムケイ酸塩であるペロブスカイトへのニ

ッケルの分配率が下がるわけです．まれには，包有物中にアルミニウムが富んでいることがありますが，アルミニウムは上部マントルではガーネットに取り込まれます．また，包有物の中には鉄に富んだものもあります．こうした包有物は下部マントル深部で核-マントル境界付近からやってきたものではないかと考えられています．こうした深部ダイヤモンドは，通常とは異なる炭素同位体比をもっていて，沈み込んだ海洋リソスフェアのものとは異なる深部マントル固有の性質を反映しているのではないかと考えられています．ダイヤモンドとダイヤモンドを包み込んでいる岩石の年代測定によると，それらのなかには10億年以上の年月を経て，長い曲がりくねったマントル中での経路をたどってきたことが示唆されています．それらには下部マントルと上部マントルの間を往復したという確固とした証拠が残されています．

ダイヤモンドを含む岩石は，ダイヤモンドそのものと同じくらい魅惑的です．その岩石は，南アフリカのダイヤモンド鉱山の町キンバレイにちなんでキンバーライトと名づけられています．ただし，その岩石そのものは美しいものではありません！　ダイヤモンドを除けば，さまざまな大きさの角張った岩塊やいろいろな岩石が細かく砕かれた破片でできています．こうした岩石はブレッチャとよばれています．キンバーライトは火山岩であり，その岩体はニンジンのような形で，古い時代の火山の火口に大地に突き刺さるような形で詰まっています．キンバーライトの化学組成を正確に求めることは困難です．リソスフェアを通り抜けるときに，周囲の岩

石を細かく砕いて取り込んできているからです．しかし，本来のマグマは，おもにマントル中のかんらん石と，非常に高い揮発性成分を含んでいて，いまは雲母とよばれている鉱物を合わせたものだったに違いありません．もしそのマグマがマントル中をゆっくり上昇したとすれば，私たちは現在ダイヤモンドを手にすることはできません．ダイヤモンドは，深さ 100 キロメートルより浅い圧力下では不安定な鉱物です．時間が経つと，マグマのなかに融けてしまうでしょう．しかし，キンバーライトの火山は，そうした変化を待つようなことはしませんでした．それがリソスフェアを貫き抜けた平均速度は時速 70 キロメートルと推定されています．地表に近づくと火道がラッパ状に広がっていることは，揮発性成分が爆発的に膨張し，地表における噴火速度は超音速に達したことを示唆しています．その結果，上昇してくるときに集めてきた岩石破片は急冷され，時間的には凍結されたのです．すなわち，含まれる岩石試料は，リソスフェアやマントル物質そのものだというわけです．

マントルの底

　世界中の地震波データを用いて最近行われた研究から，D″層と名づけられている厚さ 200 キロメートルの層が，マントル最深部に存在することが明らかにされました．その層は連続的ではなく，多数のスラブの集まりのように見えており，マントルの下面にある地殻のようなものかもしれません．そこでは，マントルのケイ酸塩質の岩石と中心核からやってきた鉄に富んだ物質が部分的に混ざっているかもしれま

せん．別の見解では，古い時代の海洋リソスフェアが沈んでいるといいます．スラブはマントル中を沈んでいった後も，冷たいままで，密度が大きいことから，マントル最深部に薄く広がっていくでしょう．やがて中心核からの熱で温められ，おそらく10億年後にはマントルプルームとして再び上昇し，新しい海洋地殻を形成するようになります．

地球内部を探るための情報は，1日の長さのわずかな変化を測定することでも得られます．地球の自転は，月の潮汐力による引っ張りや，氷河時代に氷の重みで沈んでいた陸地が隆起することによって，少しずつ減速しています．しかし，1秒の10億分の1程度のよりわずかな変動もあります．そうした変動の一部は，帆船の帆にあたる風のように，山脈に大気循環が吹きつけることによって生じます．また，船底を押す海流のように，マントルの底にある膨らみに対し，外核の対流が作用する力による変動もあるでしょう．すなわち，マントルの底にも上下が逆さまになった山脈があり，山の尾根や谷があるというわけです．フィリピンの下の核には大きなくぼ地があって，その深さは10キロメートルもあり，その深さはグランドキャニオンの2倍に相当する大規模なものです．アラスカ湾の下には膨らみがあって，中心核における高地になっています．それは，エレベスト山より高い液体の山地です．おそらく，沈み込んだ冷たい物質は中心核を凹ませており，ホットスポットのところは逆に膨らんでいるのでしょう．

スーパープルーム

　下部マントルのペロブスカイトからなる岩石は，非常に高温状態にもかかわらず，上部マントルの岩石に比べると高い粘性率をもっています．ある推定によれば，流動に対する抵抗は30倍にもなります．したがって，マントルの底面からの物質の上昇は非常にゆっくりしたもので，上部マントルにあるプルームに比べると，幅の広い太い円柱のようになります．その挙動は非常にゆっくりとしたもので，ラバライト中の球状の液体のような振る舞いです．マントル対流によって，物質の循環はマントル全体に及んでいますが，上部マントルにはそれとは別の小規模の対流が存在することも事実のようです．実験室での対流実験では，対流細胞の幅は深さと同じくらいになります．世界のどこかを探せば，マントル物質が上昇しているプルームの間隔が，上部マントルの厚さである660キロメートルという値と一致しているところが見つかります．

地球はどのように融けるのか

　沈んでいくものがあるからには，上昇して戻ってくるものがなければなりません．温められたマントルの岩石でできたプルームが地殻へ向かって上昇してくると，圧力が低下して融解し始めます．科学者たちは，大きな圧力容器のなかで人工的な岩石を圧縮し，電気炉のなかで加熱することで，どのようなことが起こるかを再現することができます．そうすると岩石全体が融けるのではなく，たったの数パーセント程度しか融けないことがわかります．融け残ったマントルよりも

密度が低いマグマが発生し，地表へ向かって急速に上昇していき，玄武岩質の溶岩として噴出するわけです．マグマが融け残った岩石中をどのようにマグマが通り抜けるのかも，大きな謎です．それを解明するには，顕微鏡でみた岩石組織にまで目を向ける必要があります．岩石を構成する鉱物粒子の間に存在するわずかなメルトの隅における鉱物粒子とのなす角度が大きい場合，その岩石はまるでスイスチーズのようになります．メルトは隣どうし連結することができず，流動することはできません．しかし，その角度が小さい場合には，その岩石はスポンジのようになり，メルトが相互に連結し，流動するようになります．スポンジをしぼると，含まれていた液体は流れ出します．マントルを絞れば，マグマが噴き出すわけです．

自由落下

リンゴが落下するのを見て，アイザック・ニュートンは，重力が物体を地球の中心に向かって引っ張っていることに気がつきました．彼は，リンゴが落下する速度が場所によって速かったり，遅かったりするということまでは知りえませんでした．その違いはふつうに気づくようなものではありませんし，リンゴを使って測定することは容易ではありません．しかし，宇宙船を使って測定することはできます．ダグラス・アダムスのSF小説『銀河ヒッチハイク・ガイド』によれば，飛行の秘密は落下にありますが，地上に衝突しないのは，軌道を周回しているからだというわけです．それは自由落下をしているのですが，横方向の速度が軌道運動を維持し

ているのです．岩石の密度が大きいところでは，重力による引っ張りが強くなり，人工衛星はスピードを上げます．重力の弱いところでは，スピードが落ちるわけです．低軌道の人工衛星を追尾することで，測地学者は，下にある地球の重力地図をつくることができます．

　地表における重力地図と，地球内部をスキャンした地震波トモグラフィの結果を比較したとき，地球物理学者は驚嘆しました．冷たくて，密度の大きい海洋地殻のスラブがあるところでは，重力による引っ張りが強く，高温のマントルの岩石が上昇しているホットプルームがある場所では，密度が小さく，重力が弱いだろうと考えられます．しかし，実際はどこを見てもその反対だったのです．そうした効果は，高温のマントルが巨大なプルームとなって上昇している南アフリカと，冷たいスラブが沈み込んでいるインドネシアで際立っていました．マサチューセッツ工科大学のブラッド・ヘイガーは一つの合理的な説明にたどりつきました．南アフリカの下のマントルにある巨大なスーパープルームが大陸を押し上げており，その高さが動きのないマントルの上に大陸が浮かんでいるとした場合よりも大きくなっているというのです．彼の推定によると，マントルに自然に浮かんでいるとした場合よりも標高が1000メートルも高くなっていて，この過剰ともいえる岩石の隆起量が重力の高まりを生み出していたのです．同様に，インドネシアにおける海洋リソスフェアの沈み込みは，周囲の地表を引きずり込ませるように凹ませていて，重力は小さくなり，陸地に対する海水準の高さが上昇し

ていたわけです．現在，アリゾナ大学に所属しているクレメント・チェイスは，ほかの地域の大きな重力異常が，過去の沈み込み帯のゴーストであることに気づきました．カナダのハドソン湾から北極を通って，シベリア，インド，さらに南極に至る重力の小さい帯状の地域が，過去1億2500万年にわたって沈み込み帯に位置しており，昔の海洋底がマントルへと沈み込んでいる場所だったのです．海水準が上昇して，オーストラリアの東半分が9000万年前に水没したのは，この大陸がプレート運動によって移動してきて，古い時代の沈み込み帯の上を通過したためであり，引きずり込まれた地域では大地が600メートルも沈降したのです．

中心核

　私たちは，地球中心核についての直接的な体験や試料をもっていません．しかし，地震波の伝わり方から，外核は液体で，内核は固体であることがわかっています．また，中心核はマントルよりも高い密度をもつ物質でできていることもわかっています．太陽系で密度が大きくて，核を構成するに足りるほど大量に存在するものは鉄です．中心核を構成する物質を入手することはできませんが，同じような固体物質として鉄隕石があります．それは石質隕石ほど多くはありませんが，見つけることは容易です．鉄隕石は比較的大きな小惑星からやってきたものであると考えられています．鉄隕石は，太陽系の歴史の初期に，母天体の内部が融解して金属鉄の核が形成された後，激しい衝突によってばらばらになったものです．鉄隕石はほとんど金属鉄でできていますが，7～15%

程度のニッケルを含んでいます．鉄隕石は2種類の結晶が交互に成長して並んだ金属組織をもっていて，一つはニッケル含有量が5％，もう一つはニッケル含有量が40％です．その比率は全体の平均化学組成によって決まっています．

　鉄でできた中心核は，ケイ酸塩でできたマントルから重力的に分離して形成されたもので，地球の内部が部分溶融していた，地球が形成されて間もない頃に形成されました．層構造が形成されたときに，溶融した鉄に溶け込みやすい，ニッケル，硫黄，タングステン，プラチナ，金などの親鉄元素も一緒に分離していきました．親石元素はケイ酸塩でできたマントル中にとどまりました．ウランやハフニウムといった放射性元素は親石元素ですが，それらの壊変でできた娘核種である鉛やタングステンの同位体は，中心核ができたときに中心核に取り込まれました．中心核が形成されたときに，マントルの放射性元素の時計がリセットされたわけです．マントルの岩石の年代測定によって，分離が45億年前に起こったことがわかりました．それは，太陽系が形成された年代を与えているとされる最古の隕石の形成年代から5000万年から1億年経ったときに起こりました．

内　核

　地球の中心部は固まっています．とてつもない圧力の下で融解している鉄から見ると，固まった状態にあります．地球内部の温度が下がっていくと，融解した中心核から固体の鉄の結晶が晶出してくるわけです．地球磁場を生み出す電磁気

的なダイナモに関する今日の理解によると、固体状の中心核が必要とされますが、中心核の固体部分は地球の歴史を通じてずっと存在したわけではありません。地球に磁場があった証拠は、顕生代を通じて岩石中の記録として残されています。しかし、先カンブリア時代の岩石のほとんどは、変成作用を受けており、初期に刻まれた磁気を測定することが困難になっています。したがって、内核の年代を推定するには、地球がゆっくり冷却してきたとして、中心核の熱的進化をモデルで調べる必要があります。これはケルビン卿が19世紀に冷却速度から地球の年齢を推定したのと同じようなやり方です。しかし、今日では放射性元素の壊変という新たな熱源があることがわかっています。最近の研究によると、内核が固化し始めた時期は、熱源元素の存在度によって異なる推定値が得られていて、それは25億年前から10億年前の間であると提案されています。それは遠い過去の出来事のようです。しかし、地球の歴史の最初の10億年以上にわたっては、地球には内核は存在しておらず、したがって地球磁場も存在していなかったかもしれません。

現在、内核は直径2440キロメートルで、月よりも1000キロメートル小さいぐらいの大きさです。しかし、内核はまだ成長段階にあります。鉄が毎秒800トンという割合で結晶化しているのです。このことによって、膨大な潜熱が放出され、液体状の外核を伝わるときに、流体が対流運動を引き起こします。鉄あるいは鉄ニッケル合金が結晶化するときに、メルト中に含まれていた、おもにケイ酸塩からなる不純物が

分離します．この不純物は液体の外核よりも比重が小さいので，砂のような粒の大きさのまま，降り注ぐ雨のように上昇していきます．これらはマントルの下面に蓄積されていきますが，上下が逆になった堆積作用とでもいいましょうか，上下を逆にしたときに，谷とか低地になる場所に集まっていきます．地震学的研究によると，マントル最深部に超低速度層とよばれる部分がありますが，こうした上へ向かっていく堆積作用で説明がなされるかもしれません．この砂のような堆積物には，海底堆積物に水が含まれるのと同じように，溶融状態の鉄を取り込んでいるかもしれません．こうした堆積層に金属鉄が含まれていれば，中心核で生じた磁場とマントルを相互作用させる物質となるでしょう．こうした物質の一部がスーパープルームとして上昇していき，地表の洪水玄武岩の活動に関与しているとすれば，洪水玄武岩に金やプラチナなどの貴金属が高濃度で含まれていることについても合理的な説明がなされるでしょう．

磁気ダイナモ

地表から見ると，地球磁場は，あたかも中心核にある巨大な棒状の永久磁石によって生み出されているように見えます．しかし，そうではなく，ダイナモ作用がなくてはなりません．外核の溶融状態の鉄が対流することによって電流が流れ，磁場が生成されているわけです．ファラデーは，伝導体があって，電流，磁場，運動の三つのうちのどれか二つが存在すれば，残りの一つが生成されることを示しました．これは電気モーター，発電機，ダイナモ作用がはたらく基本原理

です．しかし，地球の場合には，外部電源がありません．核の内部の対流運動によって，対流と磁場の両方が何らかのしくみで発生し，維持されているのです．これは自己維持される（外部支援を必要としない）ダイナモとよばれているものです．しかし，それには，何らかのスターターが必要です．それは地球が固有の磁場をもつ前から存在していた太陽磁場からもたらされたかもしれません．

　地球表面における磁場は相対的に見ると単純ですが，それを発生させる地球中心核における電流は，かなり複雑です．多くのモデルが提案されていますが，回転する伝導性の円盤のような考えは純粋に理論的なものです．地球磁場の特徴を最もよく説明するモデルでは，熱対流と地球の自転によって生じるコリオリの力の結合によって生じるらせん型の流れをもつ，一連の円筒状対流細胞を備えたものです（図7）．地球磁場の特徴のなかで最も不思議なものの一つに，極性が数十万年といった時間スケールで不規則に逆転するというものがあります（次章で詳しく説明します）．時期によっては，5000万年にもわたる長期に一度も極性が変化しないこともありました．個々の火山性の結晶に記録された地球磁場の強さに関する証拠からは，スーパークロンとよばれる逆転がまったく見られない時期の地球磁場の強度は現在よりも強かったことが示されています．地球磁場の極は地球の自転軸とぴったりと一致しているわけではありません．現在は地球の自転軸に対して約11度傾いています．しかし，地質時代を通じて，ずっとその場所に位置していたわけではありません．

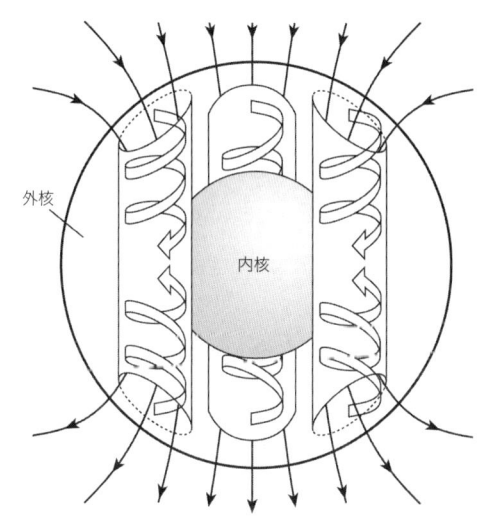

図7 地球磁場の生成過程を示す一つのモデル．外核における対流は，コリオリ力によってらせん状をしている（リボン状の矢印）．この運動と電流（図には示されていない）によって磁力線（黒い直線）が形成される．

1665年には，地磁気の極は地軸の極と一致していましたが，その後，ずれはじめ，1823年には西へ24度もずれました．コンピュータを用いたモデルでは，こうした変化を説明できていませんが，ダイナモ作用自体がカオス的に揺らいでいるのではないかという提案があります．ほとんどの時期において，マントルがこうした揺らぎを抑えてきました．しかし，ときとして揺らぎは非常に大きくなり，地球磁場が逆転するようです．いずれにしてもよくわからないことは，逆転が一晩のうちに起こるのか，何千年もの時間をかけて磁場が大きく揺らぐのか，磁場強度が弱まって一時的に消滅するのかと

いったことです．もしいま述べたような状況が本当なら，それはコンパスを使って進路を決めるのにはよくないニュースであるばかりか，宇宙からの危険な放射線や粒子に曝されるので，地球生命にとっても不都合になります．

地球の中心核で何が起こっているのか実験的にモデルを構築しようという試みが行われてきました．地球磁場を励起するために流体の循環速度を大きくした電気伝導度のよい流体が大容積で必要とされるため，容易な試みではありません．こうした実験は，ドイツとラトビアの科学者がラトビアの首都リガで行ったものがありますが，同心円状に並べられた円筒状の容器に2立方メートルもの溶融状ナトリウムを入れたものです．こうしたナトリウム流体を秒速15メートルで回転させることにより，彼らは自己励起する磁場を生み出すことに成功しています．

地球内部の温度を測る

地中深く進めば進むほど，温度は高くなりますが，地球の中心ではどれくらい高温になっているのでしょうか．その答えは，溶融状態の外核と固体の内核の境界においては，温度は鉄の融点とぴたりと一致しているはずだということです．しかし，そこでは想像をはるかに超える高圧状態であり，鉄の融点は，地表における鉄の融点とまったく異なっているはずです．その温度を知るために，科学者たちは同様の状態を実験室で再現するか，理論を用いて計算しなければなりません．彼らは実際に，二つのまったく異なる方法で努力してき

ました．ダイヤモンド・アンビルの間にわずかな試料をはさんで押しつぶす方法と，巨大な多段式圧縮ガス銃を用いて一瞬の間試料を圧縮する方法です．外核-内核境界における330ギガパスカルという想像を絶する圧力を達成することの困難さのゆえに，また，その圧力に達したことを知るためには圧力を計測することが必要なのですが，それが困難であるゆえに，これらの方法ではまだ温度を直接測定することが実現していません．彼らにできることは，やや低い圧力で鉄の融点を測定し，より深い深度へと融点を外挿していく方法です．しかし，それでも困難が伴われました．中心核は純粋な鉄でできているのではないということと，不純物の存在は鉄の融点に影響を与えるということです．理論的な研究によれば，外核-内核境界における純粋な鉄の融点は6500°Cであり，中心核に存在するであろう不純物の種類や量を考慮すると，融点は5100〜5500°Cと推定されました．それらはダイヤモンドアンビルとガス銃の実験で得られた推定値の間に入ります．

　内核を通過する地震波の研究から，もう一つ驚くべきことが発見されました．内核を南北方向に伝わる地震波の伝播速度は，内核を東西方向に横切っていく地震波の伝播速度に比べて，3〜4％も速いのです．内核には異方性（物質の性質が方位によって異なるというもの）が存在しており，構造あるいは構成鉱物の性質がどの方向でも同じではないのです．その説明としては，内核では鉄の鉱物が向きをそろえるように配列しているか，あるいはさしわたし2000キロメートルも

の巨大な一つの結晶でできているというものがあります．あるいは，内核でもマントルと同じように対流運動が発生しているということも可能な説明の一つです．結晶質のみぞれのような媒質中に液体状態の鉄が少量含まれているからかもしれません．円盤状の形をした溶融体が3〜10％含まれており，赤道と平行に並んでいても観測されている内核の異方性を再現するという計算もあります．

自転する中心核

　地球全体が自転しているように，内核も自転運動をしています．しかし，その回転の仕方は，地球のほかの部分とは少しだけ違っているようです．実際，内核は地球のほかの部分よりもわずかに速く自転していて，過去30年の間に10分の1回転しています．南アメリカ大陸の南の端にあるサウス・サンドイッチ諸島で発生した地震について，アラスカの地震記録を詳しく研究すると，その影響が現れているのです．いま述べた，南北方向の異方性のためにそうしたことがわかるわけです．内核が地球のほかの部分より先行して回転すると，異方性の影響に変化が現れます．内核の表面のすぐ上をかすめるようにしてアラスカにやってきた地震波は，1967年と1995年で到達時間に違いはありません．しかし，内核を通過してきた地震波について到達時間を調べると，1967年よりも1995年のほうが0.3秒速く到達していたのです．このことは，内核における地震波速度の速い方向を示す軸が1年に1.1度ずつ揺れ動いていることを示唆しています．内核の自転速度がこのように相対的に大きいことを理解するこ

とで，磁場の強い環境で何が起こっているのかに関する洞察が得られます．外核で流れている電流が大気におけるジェット気流のように，内核を磁気的に引っ張っている可能性があります．

これまでに，中心核のたったの約4%が固化しました．これから30〜40億年後には，中心核全体が固化するでしょう．そのときには，磁場の防護は失われているに違いありません．

第 4 章

海の底で

© David Mann

隠された世界

地球表面の 71% は水で覆われています．この水のうち真水はたったの 1% です．2% は凍った状態の雪氷で，残りの 97% は塩分を含んだ海水です．海の深さの平均値は 4000 メ

ートルであり,最も深いところでは1万1000メートルに達します.私たちが簡単に見ることができるのはその表面の一部分です.太陽からの光は水深50メートルより深いところには届きません.光が届く表層を有光層といいます.それより深い部分は冷たい暗黒の世界であり,私たちにとっては異様な世界です.少なくとも130年前まではそうでした.

　1872年に,チャレンジャー号は,海洋学的探査のための最初の学術的航海に出発しました.チャレンジャー号はすべての海を巡り,4年間で10万キロメートルも航海しました.しかし,深さについてはたった1地点において,船の横から錘を下ろすことで調査しただけでした.このように海洋学の進歩はゆっくりしたもので,その発展は第二次世界大戦の時期に,水中音波探知器や堆積物掘削の技術が開発されてからのことです.冷戦時代には,西側勢力は海洋底に関する詳細な地図を必要としていました.それは味方の潜水艦を相手に知られない場所に潜ませるためのものであり,ソビエトの潜水艦を見つけるためには,高度の水中音波探知器の配列を必要としました.今日では,船上あるいは曳航の水中音波スキャナによって,詳細な海洋底地図が製作されています.海洋底掘削プログラムによって,多くの地点で海洋底の岩石が採取されており,有人あるいは無人ロボットによる深海調査船が,興味深い場所を訪れて調査を行っています.しかし,今後もさらに探査を続ける価値はあります.

水はどこからやってきたのか？

　原始地球を覆った最初の大気は，生まれて間もない太陽からの強い太陽風によって吹き飛ばされてしまったようです．地球の形成を促した激しい微惑星衝突や月を誕生させたジャイアント・インパクトで膨大な熱が発生したため，地表の岩石は融解し，最初にあった水も吹き飛ばされてしまったに違いありません．では，私たちの地球にある水はどこからやってきたものなのでしょうか．40億年も前の古い岩石に手がかりが残されていました．その岩石が形成されたときに，液体の水が豊富に存在していたのです．それから間もない頃に，水生のバクテリアが生息していたという証拠が見つかっています．最も古い雨粒が落ちた痕の化石は，インドの30億年前の岩石で見つかっています．地球表面にある水のいくらかは，火山ガスとともに地下から出てきたものですが，おそらく大部分は宇宙からやってきたものです．今日でも，深宇宙からやってきた彗星が残していった微粒子が細かい雨のように降り注いでいて，毎年3万トンもの水が宇宙から地球に降り注いでいるのです．太陽系の歴史の初期には，こうした宇宙から降り注ぐ水の量はもっと多かったでしょう．また，引き続く時代に地球に衝突した天体は，大量の氷を含んだ汚れた雪球のような彗星か，彗星が分裂した破片の可能性が高いのです．

塩辛い海

　現在の海水の重さの2.9%は，溶けている塩分によるものです．塩分のほとんどは塩化ナトリウムですが，マグネシウ

ム，カリウム，カルシウム，そのほか微量元素の硫酸塩，炭酸塩，塩化物なども含まれています．海水の塩分濃度は，蒸発率や河川水の流量の違いによって，場所ごとに変化しています．例えば，バルト海では塩分濃度は低いのですが，陸地に囲まれた死海では，海水1キログラムあたりの塩分量の平均値である35グラムの6倍もの塩分が含まれています．しかし，塩分を構成する成分について見ると，世界中どこも同じ比率になっています．

海水にはいつも塩分が含まれているというわけではありません．塩分のほとんどは陸地の岩石からやってきたと考えられています．雨水や河川水に溶け込んだり，二酸化炭素が溶け込んで雨水が弱い炭酸になり，その化学的風化作用によって溶解したものです．こうした反応によって，ケイ酸塩鉱物は粘土鉱物へと変化していきます．その反応では，カリウムは鉱物中にとどまりますが，ナトリウムは溶け出すのです．このことが海水中の塩分中において，塩化ナトリウムの比率が高い理由です．過去数億年にわたって，海水中の塩分濃度はほぼ一定でした．風化によって供給される塩分量と蒸発岩やほかの堆積岩として堆積される塩分量がつり合っているのです．

生きている海

海水には，微量ながら多様な化学物質が含まれていて，その多くは生命にとってはかけがえのない栄養分となっていて，海洋における生物生産を支えています．その結果，表層

海水では栄養分はしばしば枯渇してしまいます．人工衛星に搭載されたカラースキャナで，光合成を行うプランクトンのクロロフィルといった色素に対応する特徴的な波長に同調した装置を用いると，海洋における生物生産帯の季節変化を地図に表すことができます．最も高い生物生産性を示すのは，春季の中緯度から高緯度の海洋であり，そこは暖かい海水と冷たくて，栄養塩類に富んだ海水が出会う場所です．1980年代に，カリフォルニアにあるモス・ランディング海洋研究所の故ジョン・マーティンは，火山性の海洋島沖を流れる海流の下流側でプランクトンの大繁殖が起こることに気づきました．彼は，海洋生物生産性を制限しているのは鉄であり，火山岩から微量の鉄が溶け出していることによるものだと提案しました．この提案は，南太平洋において鉄を含む塩の塊をまき散らす実験によって裏づけられました．また，氷期の始まりには風によって運ばれた塵が海洋に鉄を供給することで，氷期になって間もない時期に海洋生物生産が最大になることを示した堆積物の解析結果からも支持されました．しかし，鉄によって海を肥沃にすることは，"増強温室効果"に対する治療にはならないでしょう．二酸化炭素を取り込んだプランクトンは死滅するか，捕食されて再び二酸化炭素となって海に戻ってくるからです．

海 岸

　大陸のまわりには大陸棚があって，その深さは 200 メートルより浅くなっています．地質学的には，そこは実質的に大陸の一部であって，海洋ではありません．海水準が低下した

時代には，そこは乾燥した大地になっていたかもしれません．大陸棚では生物生産性が高いことが多く，漁業が営まれてきました．乱獲によって漁獲高が頭打ちになる以前は少なくともそうでした．生物生産性と，隣接する陸地からの河川の流入や，風による運搬によって，大量のシルト，砂泥が運ばれてきて，厚い堆積物が蓄積されています．堆積物が河川から供給される場合には，峡谷を流れる河川のように，堆積物を含んだ比重の大きな河川水が大陸棚の縁にまで流れ続けています．アマゾン川では，デルタのような海底地形が広がる範囲は海岸から数百キロメートルもの沖合に達しています．場所によっては，大陸棚斜面は，水面下における目を見張るような崖や峡谷からなる景観が見られますが，それは音波探知機を用いなければ眺めることはできません．しかし，陸上の景観と同じようにすばらしいものです．

海洋底

　深海底の広大な地域は，相対的に平坦でなんの特徴もありません．しかし，山脈や渓谷もあります．後で中央海嶺や海溝については述べますが，ギョーとよばれることもある，孤立した海山もあって，それらは海洋底からそびえ立っています．文字どおり，それらは水没している山々です．孤立した火山であることもしばしばあります．それらはプレートの境界部には位置しておらず，過去のマントルプルームによってマグマが供給されてできたものです．多くのものは水深1000メートル以深のところにあります．それらはかつて海の上に顔をのぞかせた火山島であり，波に洗われて平坦に侵

食され，個別にかあるいは広域的に沈降して水没したのです．しばしば沈降速度は非常にゆっくりしたもので，島の周囲にサンゴ礁が形成されたり，火山島が水没した後に環礁が残されたりしています．ときには，マントルプルームの上を海洋底が横すべりすることで，島が鎖のように連なるように配列することがあります．最も有名な火山列は，ハワイの北西へと続く，ハワイ諸島と天皇海山列です．

地すべりと津波

　大陸棚斜面や海山の急な斜面は，勾配が急で不安定状態になっています．海底の地層や周辺の海岸に，大規模な地すべりの証拠が残されています．斜面が崩壊することで，数立方キロメートルもの堆積物が階段状に深海の平原に流れ下っているのです．そのよく研究された事例は，アフリカ大陸の北西海岸の沖合のマデイラ諸島や，カナリア諸島の大西洋，あるいはノルウェー北部の海岸の沖合にあります．しばしばそうした地すべりは地震が引き金となります．そうでない場合は，堆積物の堆積によって急な斜面ができ，斜面崩壊が起きるのです．いずれにしても，水中での地すべりは破壊的な波である津波とよばれる波を発生させます．ノルウェーの北西部にあるノルウェー海では，過去3万年の間に非常に大規模な海底地すべりが少なくとも3回ありました．一つは7000年前のもので，1700立方キロメートルの土砂が大陸棚をすべり下り，アイスランドの東の深海底に堆積しました．そのときに発生した津波で，ノルウェーとスコットランドの海岸では，海岸が10メートルの高さまで水に浸かりました．も

っと大規模な海底地すべりは10万5000年前に,ハワイのラナイ島の南で発生しています.この島では,海面から360メートルの高さまでの地域が津波に襲われました.この津波は太平洋を横切り,オーストラリアの東部でも海面から20メートルの高さまで土砂が堆積しています.

　大陸棚斜面における,これらの大規模な地すべりや,もっとゆっくりした小規模な地すべりによって,堆積物は乱流に取り込まれ,かなり遠くにまで運ばれます.こうした乱流状態の流れによって,タービダイトとよばれる特徴的な堆積物が堆積します.タービダイトでは,個々の流れのなかで堆積物の粒子サイズがだんだん変化しています.最初の地すべりではさまざまな粒子が混ざっていますが,流れが扇状に広がっていくにつれ,粗い粒子が細かい砂や粘土よりも先に堆積していきます.したがって,個々の堆積物を見ると,粗い粒子から細かい粒子へと級化（堆積物の粒径が地層の上位へ向かって徐々に細かくなっていくこと）が起こっています.こうしたタービダイトは,深海底で堆積した一連の堆積岩のなかに挟まれています.

海 水 準
　地球表面で最も明瞭なものは陸地と海の境界,すなわち海岸線です.海岸は地球の環境のなかで,最もダイナミックなところで,高い崖のところもあれば,砂浜,泥のたまった低地などもあります.そして奇妙な理由から,蒸し暑い季節になると,人が群れるように集まります.しかし,海岸線はず

っと同じ位置にあるわけではありません．場所によっては，陸地が侵食されて海に何百万トンもの土砂が運び去られます．ほかの場所では，海から砂が打ち上げられて土手ができたり，河川から土砂が運ばれてデルタが広がったりすることで，陸地が拡大しています．地質学的時間スケールでは，こうした変化はもっと大規模に起こっています．ときには，海進とよばれているような，大陸が広い範囲にわたって水没したこともありました．別の時代には，海が後退して海退が起こっています．海水準の見かけの変動には，さまざまな原因があります．地球温暖化に対する今日の大きな関心事に，海水準の上昇があります．こうした変化は海水の温度が上がって，海水がわずかに膨張することによっても起こります．この影響だけも今後1世紀の間に海水準は50センチメートル程度上昇します．南極の氷床がかなり融解すれば，大きな海水準の上昇をもたらすでしょう．（北極の氷と南極の海氷は海水準に大きな影響を与えません．それらはただ海に浮かんでいるだけであり，氷の量に相当する海水をすでに押しのけているからです．）

しかし，こうした変化は，過去の海水準の変化に比べれば取るに足らないものです．最終氷期の最盛期以来，海水準は上昇し続けており，その量は160メートルに達しています．過去300万年にわたる氷河時代の気候変動に伴って，海水準は大規模に変動してきました．さらに過去にさかのぼれば，白亜紀後期の9500万年前から6700万年前にかけて，海水準は最も高いレベルになっていました．この時代には大陸の広

い範囲に浅い海が広がっていて,白亜(チョーク)とよばれる石灰岩が厚く堆積しましたし,こうした地層から今日石油が産出しているのです.こうした非常に高い海水準をもたらした原因は,一つの理論によると,大西洋が拡大を始めたことにより,マントルから高温の物質が上昇してきて,海洋底が膨張し,海水を押し上げたとされています.地質学的な記録によれば,海水準の変動には,ゆっくりした海水面の上昇の後,見かけ上急激に海水準が低下するような変動がくり返していることがわかります.しばしば海水準の見かけの低下は,大陸が地殻変動で隆起していることと関係しています.ときには,そうした変化はグローバルスケールで起こっていますが,氷河時代の始まりとは一致しているとは限りません.おそらく,海洋底で突然のように新しいリフト(地溝帯)が開き始めるときに,文字どおり海洋底を下へ凹ませる(引っ張り込む)のです.

海洋の掘削

1968年から,アメリカの海洋掘削計画が始まり,グロマー・チャレンジャー号と名づけられた海洋掘削船(図8)を用いて,海洋底を直接掘削する研究が行われています.この計画は,1985年以降は,改良されたジョイデス・レゾリューション号を用いた国際海洋掘削計画へと引き継がれています.約2ヵ月にわたる航海が200回行われ,それぞれの場所で長短のコアが回収されています.最も深い掘削孔は2キロメートルを越えるもので,回収されたコア試料の全長は数千キロメートルに達しています.それらの多くは,海底の玄武

図8 海洋掘削船ジョイデス・レゾリューション号.やぐらの高さは喫水線から60メートルもある.

岩層にまで達しており,さまざまな厚さの堆積物を含んでいます.それらはいずれも,それらの起源と気候や海洋の状態変化に関する物語を語ってくれています.侵食を受けている陸地や河川がつくるデルタから遠く離れた場所では,堆積速度は非常にゆっくりしています.高緯度では,細かい粘土に混じって,氷山が融けたときに,氷に挟まっていた岩が落下した岩石塊が堆積しています.別の場所では,砂漠から吹き飛ばされてきた塵や火山灰が深海底の堆積物の大部分を占め

ています．ときには，微小な隕石の塵，サメの歯，クジラの耳骨などが見つかることもあります．

　海洋表面での生物生産性が高いところでは，さまざまなタイプのプランクトンの遺骸が降り積もっています．浅い海では，渦鞭毛虫や有孔虫の石灰質の骨格がふつうに堆積しており，石灰質軟泥として溜まっていて，固結すると白亜（チョーク）や石灰岩になります．しかし，炭酸カルシウムの溶解度は深さや圧力とともに増加しています．水深3500から4500メートルの間に，炭酸塩補償深度（CCD）とよばれる深度があります．この深さより深いところでは微小な骨格は溶解してしまうのです．こうした場所ではシリカに富んだ軟泥が堆積しています．これは珪藻や放散虫がつくるシリカからなる骨格からできています．シリカ自体も溶解することもありますが，南氷洋やインド太平洋の一部では，溶解されることなく，かなりの量が堆積しています．黒海のような，海洋循環が不活発なところがまれにあり，そこでは海の底では嫌気的な環境になっていて，黒色の頁岩が堆積しています．こうした堆積物は，嫌気的な環境であるために，有機物が酸化されることも消費されることもないので，有機物を多く含んでいて，ゆっくりと石油へと変化していくのでしょう．ときには，嫌気的な環境で堆積した地層が広い範囲に分布していることがあります．こうした地層は，海洋酸素欠乏事変（アノキシア）とよばれていて，海洋循環の変化によって，酸素に富んだ表層海水が海洋底に向かって潜り込まなくなったことを示しています．

泥に含まれているメッセージ

　堆積物コアには，過去の気候が長期間にわたって連続的に記録されています．氷山から落下した物質や砂漠から飛んできた物質といった例からわかるように，堆積物の種類によって，周辺の陸上でどのようなことが起ったのかを明らかにすることができます．しかし，もっと正確な記録が，石灰質軟泥中の安定酸素同位体比に刻まれています．水分子をつくっている酸素には異なる安定同位体があり，^{16}O と ^{18}O の二つが主成分です．水が蒸発するときに，軽い ^{16}O を含む分子のほうが蒸発しやすいので，残された海水は ^{18}O に富むようになります．こうした変化はすぐに降水や河川からの流入で希釈されてしまいますが，大量の水が極域の氷床に蓄積されるような場合は話が別です．プランクトンに取り込まれた炭酸塩は堆積物になりますが，氷期のものほど ^{18}O を多く含んでいます．すなわち，堆積物中の酸素同位体比はグローバルな気候を反映したものなのです．海洋掘削プログラムによって得られた，過去2000万年以上にわたる堆積物に記録された変化を総合することにより，ミランコビッチ・サイクルを反映するような時間スケールでの気候の変動が明らかにされています．ミランコビッチ・サイクルは，地球の地軸のぐらつきや太陽のまわりの公転運動の軌道離心率の変化によるものです．

　1970年代に，海洋掘削計画で地中海が調査されました．掘削されたコアから衝撃的なことがわかりました．私はニューヨークにあるコロンビア大学のラモント・ドハティ地質学

研究所に保管されている，そのときに採取されたコアの一つを観察したことがあります．そのコアには，白い結晶からなる地層がくり返し堆積していました．それは岩塩（塩化ナトリウム）と石膏（硫酸カルシウム）の混合物でした．こうした蒸発岩は，地中海が完全に干上がったときにだけ堆積したものでした．今日でも蒸発率が非常に高いところなので，もしジブラルタル海峡がふさがれてしまったならば，地中海全体が約1000年で干上がってしまうことでしょう．掘削コアに含まれていた数百メートルもの蒸発岩層は，そうした出来事が500万年前から650万年前の期間に，約40回も起こったことを示唆していました．科学者たちが，ジブラルタル海峡の近くの海底を掘削したとき，小石や岩が渾然と混ざった地層を掘り当てました．そこは，ジブラルタル海峡の堰が切れて大西洋の海水が地中海へ流れ込んだときに，世界最大の滝ができ，滝つぼになっていた場所だったに違いありません．そうした堆積物からは，水の威力が引き起こす轟音や水しぶきを想像することができます．

最近の海洋掘削計画の航海において，最も興味を引くものの一つに，ガスハイドレートの掘削があります．これはメタンの氷を高濃度で含む堆積物で，温度が低く圧力の高い深海底では固体状態で存在しているものです．ガスハイドレートのコアが地表に回収されたときに，それは気体に変化し，ときには爆発的に気化が起こるので，興奮が高まりました．こうした状況なので，それを研究することはやっかいでした．しかし，こうした堆積物は大量にあることがわかりました．

それらは将来，経済的に重要な天然ガス資源になるかもしれません．また，それらは過去の突発的な気候変動において重要な役割を果たしてきたのではないかと考えられています．それらは本当に不安定で，地震によって海洋底のかなりの領域が盛り上がったとき，巨大な気体の泡となって表面に向かって上昇してくるかもしれません．海水準が急激に低下してもガスハイドレートは不安定化し，メタンガスが放出されます．メタンガスは温室効果の高い気体です．5500万年前に突発的な世界的温暖化が起こっていますが，この出来事がガスハイドレートからメタンが溶け出したことが原因だといわれています．バミューダトライアングルとされる海域で，近年頻繁に起こっている船舶が消息を絶つ原因についてもガスハイドレートが関与しているという提案がありますが，それは，巨大なガスの塊が海面を割るように噴出して，船を転覆させたり，乗組員を窒息させているといった記述に基づいたものです．

大量の有機物が海底堆積物中に埋没していて，条件が整えば石油になります．こうした変化は，地殻が伸張変形している浅い海盆で起こる傾向があります．地殻が薄くなり，海盆が深くなることで，より厚く堆積物が蓄積するのです．しかしそれと同時に，有機物はより深くまで埋没していき，マントルの内部熱源に近づいて，有機物は原油や天然ガスへと変化するのです．これらはやがて浸透性のある地層を通過して，液体を通しにくい粘土や岩塩層の下に蓄積されていきます．岩塩は比重が大きくないことと非常に流動しやすいた

め，地層中を上昇して巨大なドーム状の岩体になります．メキシコ湾でたくさん見られるように，しばしばこうした構造が石油や天然ガスを蓄えています．

地下の生命

海底堆積物中の有機物は，すべてが死んだ状態になっているわけではありません．海洋底から1000メートル以上も下にある堆積物中や，何億年前もの古い岩石中に，生きたバクテリアが豊富に存在しています．海洋底の泥の中に生息していて，時間とともにどんどん深いところまで埋没していっても生きた状態を保っているらしいのです．それらは興奮するような生き物ではありませんが，死んではいないのです．それらは1000年に1回程度の頻度で細胞分裂すると推定されており，有機物を嫌気的な環境で消化して生きていて，メタンを発生させています．ある種のバクテリアは高温下でも生き延びることができ，その温度は石油が生成されるような100から150℃にも達しています．それらが石油の生成の重要な部分を担っているのかもしれません．地球上のバクテリアの90％が地下で生存していて，地球のバイオマス全体の20％を占めているというような状況かもしれません．

地球で最も長大な山脈

もし，世界中の海水をポンプで抜き取ることができれば，目をむくような光景が出現するでしょう．それはエベレスト山よりも高い巨大な海洋島の山並でも，グランドキャニオンを小人のように見せるような巨大な峡谷でもありません．そ

れは長さが7万キロメートルにもなる巨大な山脈で，中央海嶺系とよばれているものです．それはテニスボールの継ぎ目のように，地球をぐるっと1周しています（図9）．長さ方向に沿って胡椒を振りかけたように，火山の割れ目が続いています．ときどき水面下でゆっくりした噴火が起こっており，歯磨きのチューブから歯磨き粉が出るように，ピロー（枕）のような形をした密度の大きい黒い玄武岩質溶岩の塊が流れ出しています．こうした場所は海洋底が拡大に伴って，新しい海洋地殻が生成されている場所なのです．

　北大西洋海嶺は，19世紀の半ばに大西洋を横断する海底ケーブルを敷設しようと試みた船によって発見されました．この山脈は裾野が広く，1000から4000キロメートルもの幅があり，海洋底から2500メートルもの高さにそびえ立つ線状の山頂に向かってなだらかに盛り上がっていました．この山脈は，山脈の走向に直交するたくさんのトランスフォーム断層とよばれる断層のところで食い違っていて，山脈の尾根が数十キロメートルも横にずれていました．山脈の頂上には，二つの線状の尾根があり，その間の中央部に谷状のリフト（地溝）ができていました．20世紀の前半に，アーサー・ホームズのような大陸移動の提唱者たちは，こうした山脈のところでマントル対流の湧き出しが起こっており，表面に新しい地殻をもたらしていると提案しました．しかし，地質学において最も重要な発見である海洋底拡大を最終的に裏づけたのは，地磁気による探査でした．

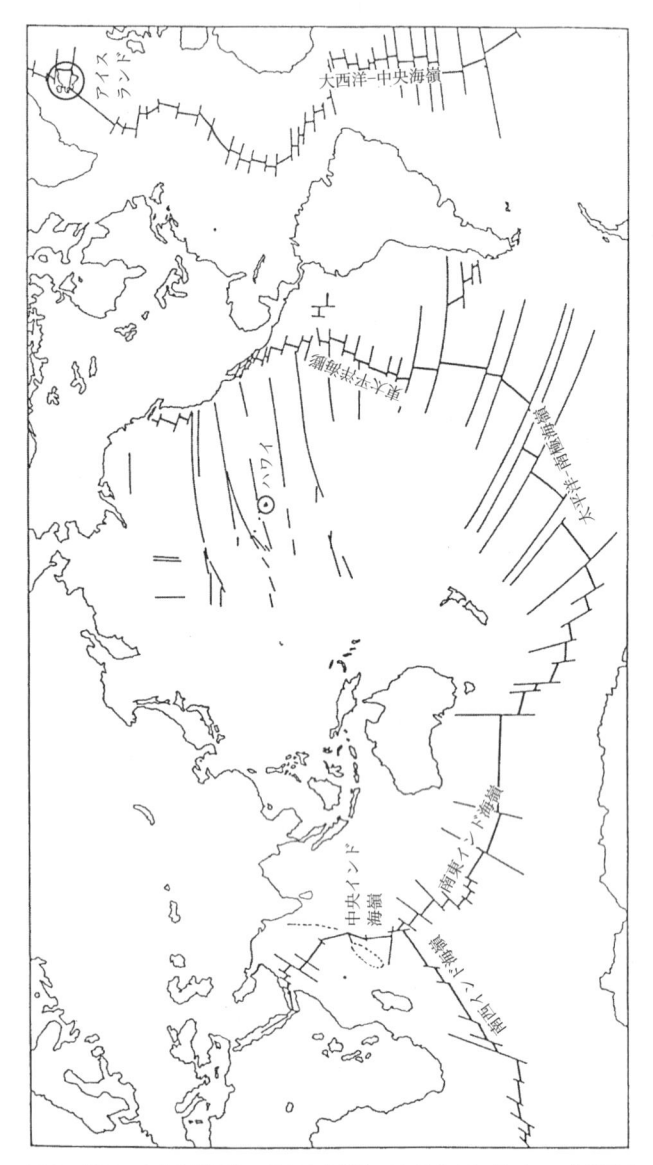

図9 世界の中央海嶺系と，それを切断しているトランスフォーム断層の分布．ハワイとアイスランドのホットスポットは円で示されている．

地磁気の縞模様

 1950年代にアメリカ海軍は，潜水艦を支援するための詳細な海底地形図を必要としていました．そこで研究船が海洋上を行ったり来たりして，音響探知機による測量を行いました．科学者たちはほかの実験を行う機会を得て，感度の高い磁力計を引きずりながら航行し，磁気異常図をつくりました．その地図には磁場の強弱を示す一連の帯状の模様が中央海嶺の両脇に，それと平行に描き出されていました．ケンブリッジ大学のフレッド・ヴァインとドラモンド・マシューズによって，何が起こっているのか解き明かされました（図10）．火山から噴き出す溶岩が冷えると，マグマ起源の磁性鉱物が地球の磁場に沿うように配列します．したがって，若い海底玄武岩の上を航行するときには，地球の磁場はわずかに強まります．しかし，前の章で述べたように，地球磁場はときどき極性を逆転させています．地球磁場が逆転していた頃に噴出した火山岩に書き込まれた磁化は，現在の地球磁場と正反対の成分をもっていて，磁場の測定値を弱めているのです．すなわち，中央海嶺の両脇の地磁気の縞模様は，中央の山脈からいずれの方向に遠ざかっていっても，離れれば離れるほど古い海洋底になるようなつくられ方をしていたのです．海洋底はまさに拡大していたのです．

生成される境界

 全体的に見て，海洋底の拡大速度はゆっくりしたものですが，それは絶え間なく続いています．太平洋ではだいたい1年に10センチメートルぐらいですが，大西洋では3〜4セン

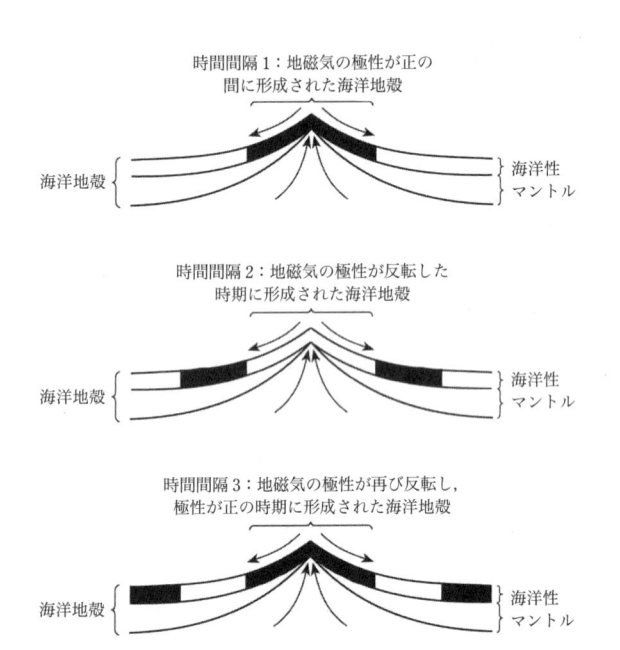

時間間隔1：地磁気の極性が正の
間に形成された海洋地殻

海洋地殻 　　　　　　　　　　　　　　海洋性マントル

時間間隔2：地磁気の極性が反転した
時期に形成された海洋地殻

海洋地殻 　　　　　　　　　　　　　　海洋性マントル

時間間隔3：地磁気の極性が再び反転し，
極性が正の時期に形成された海洋地殻

海洋地殻 　　　　　　　　　　　　　　海洋性マントル

図10 中央海嶺で海洋底が拡大するにつれて，火山岩が磁化されて地磁気の縞模様が形成されていく様子．

チメートルぐらいで，ほぼ指先の爪が伸びる速度と一致しています．しかし，溶岩の噴出によって地殻が新たにできる営みは絶え間なく続いているわけではありません．このことが，中央海嶺のある部分にはリフトが形成されていて，海洋底が横に引っ張られると裂けて沈降している場所になっており，別の場所では中央海嶺に尾根ができていることを説明します．海嶺の中心線の下では，高温のマントル物質が部分溶融して結晶を含むドロドロした状態で上昇しています（図11）．

この線に沿って,高温で柔らかいアセノスフェアが浅くなって直接海洋地殻と接していて,そこでは硬いリソスフェアが存在していません.そこではマントル物質が高温のため,比重が小さく,中央海嶺を隆起させています.マントルの岩石のうち4%程度は融解して玄武岩質のマグマを発生させていますが,それらが間隙や割れ目を通って上昇していき,中央海嶺下数キロメートルの深さにマグマ溜まりを形成させています.地震学的に得られる地下断面図によれば,幅数キロメートルもあるマグマ溜まりが太平洋の中央海嶺には存在することが示されています.しかし,そうしたマグマ溜まりは大西洋の中央海嶺には見られません.マグマ溜まりの物質はゆっくりと冷却しており,マグマ溜まりの底には結晶化した鉱物が沈殿していて,はんれい岩とよばれる岩石になっています.残っているメルトは,中央海嶺に沿う割れ目から周期的に噴出しています.こうしたマグマは流動性に富んでいて,

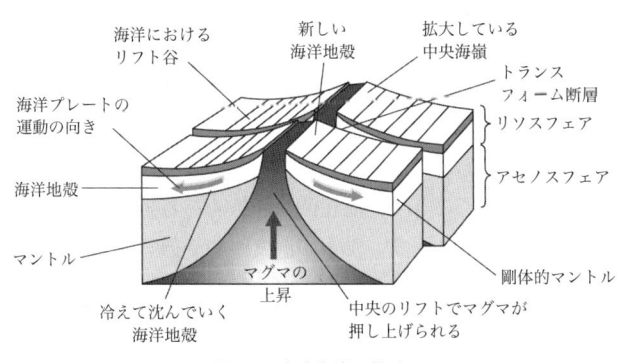

図11 中央海嶺の構成

火山ガスや水蒸気をほとんど含んでいません．したがって，噴火はとても穏やかなものです．しかし，溶岩が海水によって急激に冷却されると，ピロー（枕）のような塊が重なりあった構造をつくります．

ブラック・スモーカー

中央海嶺に近いところでは活発な噴火が起こっていなくても，岩石は依然高温の状態になっています．水を含まない玄武岩においても，割れ目や間隙に海水が染み込み，加熱されたり，硫化物などの鉱物を溶解したりします．こうした高温の熱水が噴出孔から噴出し，背が高く中空の煙突のような構造物をつくり出しています．バクテリアは高温の熱水に耐えることができ，溶解していた硫酸塩を硫化物へと還元することに寄与しています．冷却している水の溶解物から硫化物が析出すると，黒い色をした粒子でできた噴煙を生じさせており，こうした噴出孔はブラック・スモーカーとよばれています．噴出孔から流出する流体は高速度で噴出しており，その温度は350℃を超えています．そうした場所はたいへん危険ですが，深海調査船による探査を行うときには興味を引く場所です．鉱物でできた煙突は1日に数センチメートルぐらいの速度で成長していて，巨大になると崩れて瓦礫の山になります．このようにして，潜在的に価値のある硫化鉱物が大量に形成されていきます．熱水の温度がやや低く，酸性が強いところでは，亜鉛の硫化物が析出していて，ホワイト・スモーカーを生み出しています．こうした場所は成長がゆっくりで，温度も低いことから，熱水噴出孔のまわりに驚くべき生

き物たちが集まって，より快適な生息環境を形成しています．深海の生き物は，太陽からの光の恩恵を受けておらず，完全に化学的なエネルギーに依存して生きています．原始的なバクテリアが高温でしばしば酸性度の高い環境で繁栄しています．眼のないエビ，カニ，巨大な二枚貝がそれらを食べています．巨大なチューブワームは，水から栄養分を濾し取るためにバクテリアを共生させています．地球上における最初の生命はこうした場所で生まれたのではないかと提案されています．ですから，そこは研究者たちにより大きな興奮を与えているのです．

海からの富

1870年代のチャレンジャー号の航海における最も驚くべき発見の一つは，深海底を浚渫して採取された試料の中に，変わった黒色のノジュール（団塊）が含まれていたことです．このノジュールには，とくにマンガンや鉄の酸化物や水酸化物だけでなく，銅，ニッケル，コバルトといった有用な金属も含まれていました．マンガンノジュールとして知られているこうした塊は，深海底の広い範囲に胡椒をまぶしたように，点々と分布していたのです．それらがどのようにしてできたのかはまだよくわかっていませんが，海水や海底の堆積物からもたらされた金属が関与するゆっくりした化学的な過程でできたように見えます．ノジュールは，多くの場合，玄武岩のかけら，粘土でできたビーズのような塊，あるいはサメの歯のようなものが核になって，たまねぎのように，同心円的に層が積み重なって成長しています．それらの形成年

代の推定によると，その成長速度は非常にゆっくりで，100万年に数ミリメートルぐらいしか物質が付加していないようです．1970年代には，シャベルやポンプを使って，鉱石として回収するためのさまざまな提案が出されました．しかし，技術的，政治的，生態学的，経済的なハードルが大きく実現には至りませんでした．

押し，引き，そしてプルーム

　中央海嶺系で海洋底が押しのけられることによって，海洋底が拡大しているようには見えません．中央海嶺のほぼ全長にわたって，地下深くから高温の物質をもたらすマントルプルームが十分にはたらいていないのです．海洋底は横に引っ張られてできた隙間に，新しい物質が上昇してきているようです．中央海嶺のところでは，厚くて硬いリソスフェアは存在していません．そこには厚さ数キロメートルの海洋地殻があるだけです．マントル物質が中央海嶺の下へ上昇してくると，圧力が低下して，鉱物によっては融点の温度を超える温度になります．こうして部分溶融が起こり，物質の20〜25％が融解して玄武岩質溶岩が生み出されます．マグマの生成率は，厚さ7キロメートルというかなり一様な厚さの海洋地殻を形成する量にちょうど一致しています．

　注目すべき例外がアイスランドです．そこではマントルプルームと中央海嶺が偶然一致しているのです．その結果，通常よりも多くの玄武岩が噴出しており，地殻の厚さは25キロメートルにもなっています．こうしてアイスランドは大西

洋に顔を突き出しているのです．このマントルプルームの歴史は，グリーンランドとスコットランドの間の北大西洋における厚みを増した海洋地殻の存在から読み取れます．地震学的探査によって，そこには1000万立方メートルもの過剰な玄武岩があり，その量はアルプス山脈の体積の数倍にもなっていて，アメリカ全土を厚さ1キロメートルの層で覆うほどの量です．そのかなりの部分は地表に噴出したものではなく，海洋地殻の中に注入して，上部地殻を下から加熱しました．グリーンランド沖合のハットンバンクは，こうした玄武岩の貫入によってできた盛り上がりです．アイスランドの下にあるマントルプルームは，5700万年前に北大西洋の拡大の開始を促したものかもしれません．この火山活動は一連の火山の活動を促しており，その一部はスコットランドの北西部にあるインナー・ヘブリデスやフェロー諸島にも残されています．

海が消えていくところ

　海洋地殻は絶え間なくつくられ続けています．その結果，古い海洋底を見つけることが困難になっています．最も古いものでも2億年前のジュラ紀のもので，それは西太平洋に残されています．1億4500万年前の海洋底のセグメント（断片）が最近，ニュージーランドの近くで発見されました．しかし，こうした古い年代はまれで，海洋底のほとんどは1億年よりも若い年代を示しています．では，もっと古い時代の海洋底はどこへ行ってしまったのでしょうか？

その答えはサブダクション（プレート沈み込み）とよばれている過程にありました．大西洋が拡大していくにつれて，一方の南北アメリカ大陸と，反対側のアフリカやヨーロッパはゆっくりと遠ざかっています．しかし，地球はだんだん大きくなっているわけではありませんので，どこかで縮んでいなければなりません．それは太平洋で起こっているように見えます．太平洋は，大きな海溝に縁取られていて，その深さは最大1万1000メートルにも達しています．その背後には，火山島や大陸に連なる火山があり，それらは環太平洋火山帯とよばれています．地震波によって描かれた地下断面図には，海洋プレート —— 薄い海洋地殻とその下の厚さが100キロメートルのマントルからなるリソスフェア —— がマントルへと突っ込んでいる様子が示されています．できてから1億年も経つと，リソスフェアを構成する岩石は冷えて収縮し，密度が大きくなって，やがてアセノスフェアの上に浮いていることが困難になるわけです．こうしたサブダクションの過程が，プレートテクトニクスの駆動力になっていたのです．いわば，押しではなく引っ張りということになります．

　沈み込み帯で潜り込んでいく冷たくて密度の大きな岩石は，海洋の底にあったものであり，水を含んでいます．水は間隙中に存在していますが，鉱物中においても化学的に結合しています．スラブが沈み込んでいくと，温度や圧力が上昇しますが，水が存在すると，岩石が流動しやすくなります．また，水は鉱物の融点を下げる効果もあって，発生したマグマは地殻を上昇していき，環太平洋火山帯を構成する火山へ

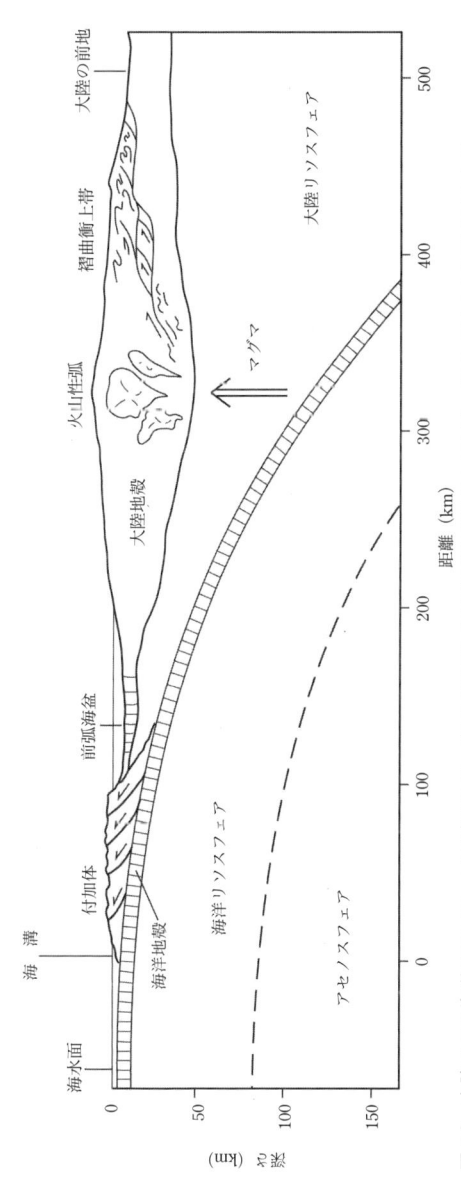

図 12 大陸の下へ海洋リソスフェアが沈み込み、海溝の陸側に海底堆積物が付加しており、陸上では火山活動が見られる。

と供給されています．前章で見てきたように，リソス〔
からなる融け残りのスラブはマントルをさらに沈んでい
少なくとも下部マントルと出会う 660 キロメートルの境〔
と達するか，さらに沈み込んで最終的にマントルの底に
達するでしょう．地震波トモグラフィによって，こうし
10 億年もの旅が追跡できるでしょう．

　地球の表面を覆っているプレートには，海洋リソスフェ
と大陸リソスフェアがあり，それらの境界には，いくつか〔
異なるタイプが認められます．海洋リソスフェアでは，中央
海嶺のようなプレートの発散境界と，サブダクションが起こ
っている場所であるプレートの収束境界があります．プレー
トの収束境界は，海洋リソスフェアが大陸の下へ潜り込んで
いる場所でも見られ（図 12），アンデス山脈の火山列を形成
している南アメリカの西海岸がそのよい例です．海が海の下
に潜り込んでいるところもあり，西太平洋では深い海溝を伴
っていて，火山性の弧状列島が環太平洋火山帯を構成してい
ます．また，一つのプレートが隣のプレートとこすれ合うよ
うな動きをしている横ずれ境界もあり，そうした境界はカリ
フォルニアの海岸に沿って見られます．さらに，大陸と大陸
が衝突しているような境界もありますが，それについては〔
章で詳しく議論しましょう．

陸に残されるもの

　失われた海洋とともに，すべてが消え去るというわけて
ありません．海洋リソスフェアが大陸の下へ沈み込んだ〔

第 4 章　海の底で

海洋全体が二つの大陸にはさまれて押しつぶされているところでは、かなりの堆積岩が押し上げられて、大陸へと付加しているのです。陸上で多くの海生の化石が見つかる理由はこのためです。ときには、海洋地殻全体が陸に乗り上げられることがあり、こうした過程はオブダクションとよばれています。こうした地殻は衝突帯に位置しているため、岩石は激しく変形を受けてしまっています。しかし、こうした断片的な岩石の証拠を組み合わせて一連の重なりを復元することで、海洋地殻の全体像がわかってきました。そうした岩石はオフィオライトとよばれています。これはギリシャ語で蛇の岩という意味です。この用語は、蛇紋岩という鉱物の名前を反映させたもので、高温の水で変成作用を受けた緑色の鉱物が波打った線状模様を示すことによります。オフィオライトを構成する岩体の最上部は、海洋性の堆積物であり、その下に枕状溶岩や玄武岩質の板状の岩体があります。これは地下からマグマが注入されてできたものです。その下位にははんれい岩があって、玄武岩とほぼ同じ化学組成ですが、ゆっくり冷えたため結晶質の岩石になっています。最下部にはマグマ溜まりで結晶が沈殿してできた層状の岩体があります。さらにその下位には、玄武岩質マグマを生み出したマントルの岩石がある場合もあります。

失われた海

　何億年もの間には、多くの海が拡大したり閉じたりしてきました。12億年前から7億5000万年前までの長い期間のあいだに、大陸が集まって一つの巨大な超大陸をなしていまし

た．この超大陸を取り巻いて地球表面の3分の2を占めた巨大な海が存在していました．先カンブリア時代の終わりに，この超大陸はいくつもの大陸に分裂し，ばらばらになっていきました．その結果新しい海が生まれました．その一つがイアペタス海であり，6億年前から4億2000万年前まで存在していました．その閉じた場所は，縫合帯とよばれていますが，スコットランドの北西部をちょっとドライブするだけで横切ることができます．しかし，5億年前には，そうした旅行には，海を5000キロメートルも横切らなければならなかったでしょう．2億年前のジュラ紀までに，テーチス海とよばれている大きなくさび状の海が西ヨーロッパと東南アジアの間に広がりました．この海は太平洋へとつながっていました．アフリカが回転するようにヨーロッパと衝突してアルプスが形成され，それと同時にインドがチベットを押しつぶして，ヒマラヤ山脈を隆起させたことにより，テーチス海は消滅しました．地震学的研究は，マントルに沈み去ったテーチス海の海洋底がマントル深部でかろうじて姿をとどめていることを浮き彫りにしています．

　地質学的な時間では，新しい海洋が形成されようとしたが，そうならなかった事例がたくさんありました．東アフリカの大地溝帯や紅海，ヨルダン渓谷はそうした事例の最近の例です．北海の海底が伸張した結果，北海の石油堆積物やババリアの温泉地帯が生み出されましたが，これらもそうした事例の一つです．数億年後には，私たちのもっている海底地形図はまったく時代遅れのものになっているでしょう．

第5章

移動する大陸

© David Mann

　子どもの頃，よく母親の手伝いでマーマレードをつくりました．いまでもたまに自分ひとりでつくることもあります．しかし，いまでは，ぐつぐつ煮ている果物と砂糖の入ったジ

ャムの鍋のなかを見つめると，数千万年とか1億年を1秒に縮めて地球の進化を眺めているような想像をしてしまいます．弱火でジャムを煮込んでいると，対流細胞ができて温められたマーマレードが表面に向かって上昇していき，横へ広がっていくのです．細かい砂糖の泡が集まったあくも一緒に上昇してきます．しかし，それらは比重が小さいので冷えて沈んでいくことはなく，流れが穏やかなところに浮かんでいます．こうした泡の塊は地球の大陸のようなものです．それはこうした過程の初期段階で形成され始めますが，ゆっくりと形づくられていき，厚さも増していきます．ときには，下で起こっている対流のパターンが変化し，泡の塊が分裂することもあります．ときどき泡の塊どうしが合体して，より大きく厚い塊になることもあります．もちろん，私たちはこうした類推をずっともち続けるべきではありません．時間スケールや，化学組成がまったく異なるものであるし，だいたい地質学者が花崗岩中に砂糖の結晶を見つけたり，玄武岩中のゼノリスにオレンジの皮を見つけ出すようなことはありえません．しかし，私たちが地球のあくともいえる大陸を考えるときに，こうしたイメージをもつことは有用なのです．

地球のあく

　大陸地殻は海洋底にある地殻とはまったく異なるものです．海洋地殻はおもにマグネシウムケイ酸塩の鉱物でできていますが，大陸地殻はアルミニウムケイ酸塩の比率が高くなっています．大陸地殻は，相対的に比重の大きなマントル物質や海洋地殻に比べると，鉄の含有量も低くなっています．

その結果，液体ならともかく，半固体状態のマントルの上に浮かんでいるのです．大陸地殻は厚くなります．海洋地殻はどこも同じ7キロメートルの厚さですが，大陸地殻は厚さは，30から60キロメートル以上にもなります．そして，海洋リソスフェアと同じように，大陸地殻の下には冷たくて硬いマントルを伴っています．大陸地殻の根がどれくらいの深さにまで及んでいるのかについて，論争が続いています．この論争は最終的には，定義の問題に帰着されるでしょう．しかし，大陸地殻は氷山のようなもので，私たちが見ている部分よりも地下にある部分のほうがずっと多量です．一般的にいって，山脈が高ければ高いほど，大陸の根は深くまで及んでいます．

移動する大陸

マントル対流に関する知識や海洋底拡大の証拠に基づく，近年得られた知見のおかげで，地質時代に大陸がそれぞれ相対的な運動をしてきたことを理解することは容易です．しかし，大陸移動ついて，いつの時代にも確信をもっていえるものではありませんでした．ジェームズ・ハットンの造山運動や岩石循環といったアイデアにもかかわらず，メカニズムが提案されるようになるまでに長い年月がかかりました．1910年から1915年の間に，アメリカの地質学者フランク・テイラーとドイツの気象学者アルフレッド・ウェゲナーが大陸移動に関する仮説を提唱しました．しかし，海に浮かぶ船のように，大陸が固体の岩石でできたマントルの上をどのように移動するのか，誰も想像することができませんでした．それ

から半世紀の間,大陸移動説の支持者は少数勢力でした.しかし,この理論を支持するわずかな研究者たちは一生懸命に研究を続けました.南アフリカのアレックス・デュ・トワは,アフリカ南部と南アメリカの地質構造に類似性があるという証拠を提示しました.イギリスの地球物理学者アーサー・ホームズは,マントル対流が大陸移動のメカニズムであると主張しました.1960年代になって,海洋学者も研究に着手するようになり,論争は終息しました.ハリー・ヘスは,海洋地殻の下のマントルの対流運動によって,中央海嶺のところで海洋底拡大が起こっていると提案しました.フレッド・ヴァインとドラモンド・マシューズは海洋底拡大に対する地磁気の証拠を提示しました.カナダのツゾー・ウィルソン,プリンストン大学のジェーソン・モルガン,ケンブリッジ大学のダン・マッケンジーの論文によって,さまざまな証拠がプレートテクトニクスの理論として,まとめあげられました.

　プレートテクトニクスは,地球表層の現象を,少ない数の剛体的なプレートの運動によって説明するもので,プレートは相対運動をしていて,その境界部で相互作用したり,変形したりしているのです(図13).大陸は勝手に移動しているのではなく,100キロメートルぐらいの厚みがあって,マントル最上部を含むリソスフェアであるプレートに乗っていて,プレートに運ばれて移動しているわけです.プレートは大陸に限定されるのではなく,海洋底のスラブも含んでいます.7つの主要なプレートがあり,それらはアフリカ,ユー

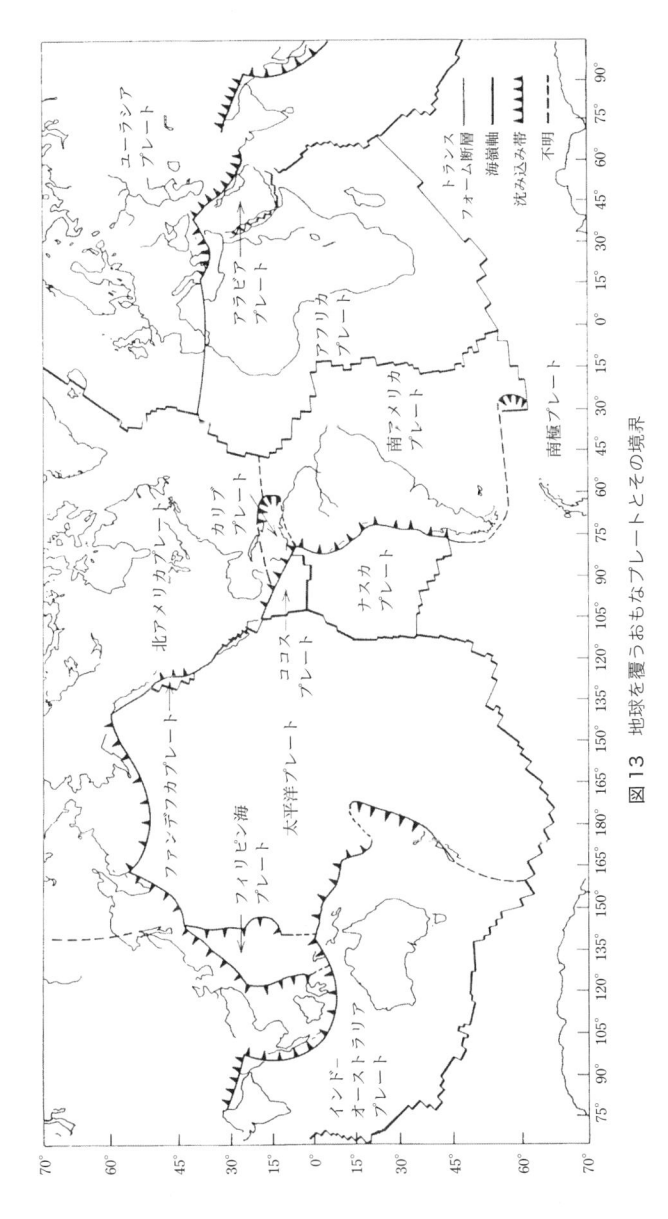

図13 地球を覆うおもなプレートとその境界

ラシア，北アメリカ，南アメリカ，太平洋，インド-オーストラリア，南極プレートです．このほかに小さなプレートがたくさんあって，比較的大きな三つは太平洋の周辺にあります．プレートが接している場所では，複雑な形をした破片のようなプレートがあります．

　子どもの頃のもう一つの思い出に，地図帳から大陸の形を写し取って切り取り，それらをひと塊の陸地になるように並べようとした記憶があります．ツゾー・ウィルソンが1965年にネイチャー誌に論文を発表した頃のことだったと思います．大陸の形がどれくらいうまく合わせられるのかを調べたり，大陸合わせが完全にはできない理由を探ることは，とてもワクワクする体験だったことをいまでも覚えています．それは私の写し取り方が不正確だったからではありません．いくら気が利かない子どもでも，大陸を切り取るのに，海岸線ではなく，大陸棚の縁でカットすべきです．さらに，アマゾン川のデルタはアフリカと重なってしまうので切り取る必要があります．アマゾン川のデルタは大陸が分裂を開始して以来，発達を続けているのです．もっと興奮したことは，南北アメリカ大陸はバラバラにしないと合わせることができないことや，スペインはフランスから切り取らなくてはなりません．元に戻すとき，今日ピレネー山脈のあるちょうどその場所でスペインがフランスに衝突します．こうした大陸どうしの衝突が山脈を生み出す原因なのでしょうか？

　私が10代の頃だったと思います．休日の家族旅行でピレ

ネー山脈やアルプス山脈に行きました．ところどころで堆積岩の露頭を見学することができましたが，それらは乱されていない陸地に見られるような水平な地層ではなく，畳んで皺ができたカーペットのように，褶曲していました．そのとき，私の思考はマーマレードの料理に至りました．ジャムをぐつぐつ煮ているときに，陶器の皿を冷蔵庫で冷やしておきます．数分ごとにそれを取り出して，熱いマーマレードを数滴たらします．それが十分冷えたとき，指を突っ込みますが，まだ液体状態だったときは，何もせずに指をなめて，マーマレードを煮続けます．しかし，しばらくして，ジャムが凝固点に近づく頃になると，皿の上のジャムに指を突っ込むと皺が寄って，大陸衝突のミニチュアのようになります．これは大陸が大きなスケールでどのように振る舞うかを調べる悪いモデルではありません．上に乗っている岩石によるすごい圧力で圧縮されることと下からの熱が加わって，衝突する大陸からの横からの力を受けて，岩石は破壊されるのではなく，褶曲するのです．これには大量の岩石が関与するので，重力の影響を強く受け，最も急な褶曲は自重でたわんで，押しかぶせ褶曲になります．こうした激しい変形はカスタードやマーマレードの薄皮でも見られます．

地球は平坦ではない

　地図帳から，平坦な大陸を切り取って合わせようとしてもうまくいかないもう一つの理由は，球の表面を構成しているプレートを平面図に表現したものだからです．地図作成のときの投影法によってひずんでいるのです．しかし，球の表面

上で剛体的なプレートを横滑りさせることは容易ではありません．それらを直線的に動かすことはできません．なぜなら球の表面には直線は存在しないからです．いかなる運動も球を貫く軸のまわりの回転で表されます．しかし，まだ困難な問題があります．一つは押し合っているプレートに対する基準座標を見つけ出す必要があります．もう一つは，海洋底拡大の速度の違いを考慮するということです．単純なモデルを用いた場合，アメリカ大陸とアフリカやヨーロッパ大陸の相対運動や大西洋の拡大を，地球の回転軸と同じような回転軸を用いて表します．しかしこうしたモデルでは，大西洋の地殻がみかんの皮の一部のように，赤道で最も広く，極へ向かって滑らかにせまくなっていくように形成されることが必要となります．海洋底拡大の速度は場所によって変化しているため，このような便利なしくみにはなっていません．その結果がトランスフォーム断層に表れています．そこでは地殻が数千キロメートルにわたって切断されていて，中央海嶺のセグメントがそこで横へずれているのです．

基準座標

海洋底拡大の証拠とマントル対流のしくみによって，プレートテクトニクスは短い期間で現代地球科学の中心に位置付けられました．しかし今日でも地質学者のなかには，大陸移動という言葉に反対するものがいます．その理由は，この言葉のイメージが，メカニズムがよくわかっておらず，それを信じているものがほとんどいなかった時代と重なるということです．しかし，ひとたび人々がそれを受け入れると，過去

のプレート運動の証拠は明白になりました．それは，海洋の両側に同じタイプの岩石が離れ離れになって分布しているという地質学的証拠です．また同じ生物群集が今は地理的に隔てられた大陸にまたがって分布していて，かつては行き来できたことを示す現生生物や化石から導かれる重要な証拠です．例えば，過去2億年間にわたって，オーストラリア大陸は，マレーシアやインドネシアといったアジアとは切り離されていました．以来，哺乳類は二つの大陸でそれぞれ独立して進化してきました．その結果，オーストラリアでは有袋類が支配的なのに対し，アジアでは有胎盤哺乳類が発展しました．

　前章で議論しましたが，海洋底玄武岩に記録された地磁気の逆転の証拠によって，過去の大陸移動に関する最も包括的な姿が明らかにされています．火山岩に含まれている，方位磁石の針の先ほどの小さい磁性鉱物は，それらが固化したときの北極の向きを記録しています．地磁気には細かい揺らぎや大規模な極性の逆転が見られますが，数億年とか数十億年といった期間では，地磁気の極はもっと大きな曲がりくねった曲線を描いて変化しています．こうした曲線は極移動曲線とよばれています．これは実際には地球の磁極に対して大陸がどのように動いてきたのかを示すものです．こうした曲線を大陸ごとにつくって比較すると，ある時期にはそれらが一致していますが，違う時代には大きく離れていて，大陸が分裂したり，相互に遠ざかっていったり，再び近づいてくるといったように，ワルツを踊るような大陸の動きを追跡することができるわけです．実際は，大陸どうしがぶつかり合うこ

とがあるので，ワルツというよりも下手なバーンダンス（フォークダンスの一種）といったほうがよいかもしれません．

　高感度の観測装置を使えば，今日の大陸の相対運動を追跡することが可能です．局地的にプレート境界を横切るような短い距離に対して，レーザー測量のような測量技術で，高い精度の測定ができるのです．しかし，宇宙からの観測によって，今日では大陸スケールでそうした測量が可能となっています．これまでに打ち上げられた人工衛星のなかで最も変わっているものの一つがレーザー測量のための衛星です．その衛星はチタニウムのような比重の大きな金属の球でできていて，そのまわりに多数の反射鏡が取り付けられていて，まるでミラーボールのようです．この衛星はあらゆる方向からやってきた光を元の方向へ反射します．地上から絞り込んだ強力な光を当てて，その光が戻ってくるまでの時間を測定すると，衛星までの距離をセンチメートルの精度で測定できます．こうした測定を異なる大陸ごとに行い比較することで，1年間に大陸がどれくらい動いたのかがわかります．天文学者たちは遠い宇宙の果てにある電波源を基準として，電波望遠鏡を使って同様の観測を行っています．今日では，アメリカ軍の全球測位システム（GPS）衛星の信号の波長が意図的に混乱されることがなくなり，地質学者は野外でポータブルGPS受信機を使って位置を正確に決めています．多くの読み取り値を注意深く用いることで，その精度はミリメートル以下まで高まっています．その答えは海洋底拡大速度の証拠となるものであり，プレートは，毎年3から10センチメー

トルの速度で相対的に運動しています．これは指先の爪が伸びるぐらいの速度です．

　もちろん，すべてのこうしたプレート運動の測定は相対的なものです．すべてのプレートにとって基準となるような座標を確立することは困難です．一つの手がかりはハワイです．ハワイのビッグ・アイランド（ハワイ島）は，北西に延び，さらに海底に沈んだ天皇海山列につながっていく一連の火山島で比較的最近にできた島です．玄武岩の年代測定によると，北西へ進めば進むほど，玄武岩の年代は古くなっています．火山島の配列は，高温のマントル物質をもたらす地下深部のプルームの上を太平洋プレートが横切ったときにできたものです．このプルームの位置をほかのマントルプルームの位置と比較すると，それらの間に相対的な運動は認められないことがわかりました．すなわち，マントルプルームはマントル深部からやってきていて，ほとんど場所を変化させていないので，プレート運動に対する基準となる地点なのです．こうした基準座標に対するプレート運動の絶対値を推定すると，西太平洋が最も速いスピードで運動していることがわかりました．その一方で，ユーラシアプレートはほとんど動いておらず，おそらく，グリニッジを経度の基準点にするという歴史的選択は，地質学的にも妥当だったのです！

大陸のワルツ
　地質学と古地磁気学から導かれる証拠を用いると，地質時代のプレートの運動を復元することができます（図14）．今

2億年前

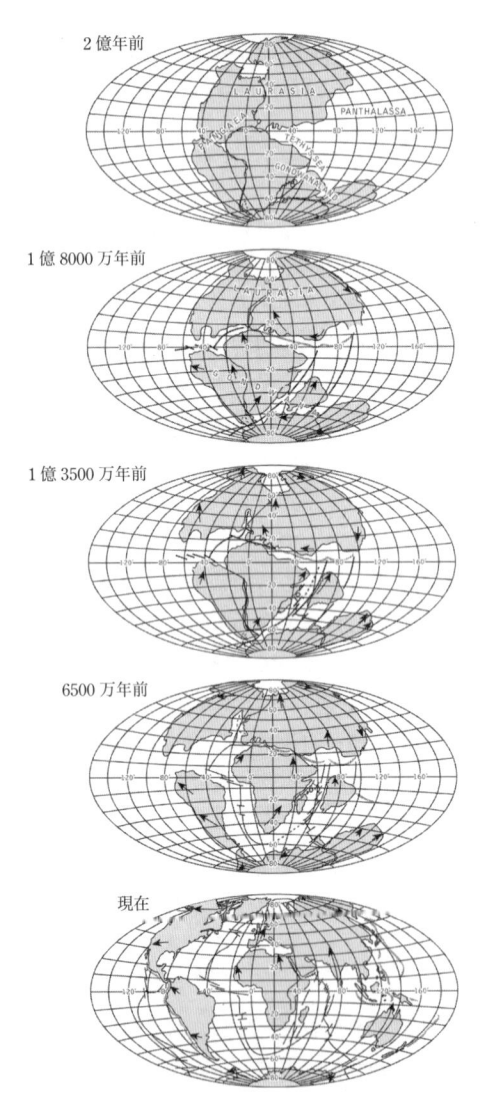

1億8000万年前

1億3500万年前

6500万年前

現在

図14 過去2億年にわたる大陸移動の様子

日私たちが知っている大陸は，パンゲアと名づけられた超大陸が分裂したものです．この分裂は2億5000万年前のペルム紀に起こり，最初はローラシアとよばれる北の大陸と，ゴンドワナランドとよばれる南の大陸に分かれました．これらの大陸の分裂は今日まで続いています．しかし時間をさらに過去にさかのぼると，パンゲア自体が，それ以前の小大陸が集まってできたことがわかります．そしてさらに過去にさかのぼると，パノーチアという超大陸があり，その一つ前にも別の超大陸があって，それはロディニアとよばれています．こうした超大陸の分裂，移動，再集積といったサイクルはツゾー・ウィルソンにちなんで，ウィルソンサイクルとよばれています．

さらに過去にさかのぼると，先カンブリア時代になりますが，大陸移動はよくわかっていない状況ですし，そうした古い時代に現在の大陸がどこにあったのかを見つけ出すこと自体困難になります．例えば，4億5000万年前のオルドビス紀には，シベリアはほぼ赤道直下にあり，ほとんどの陸地は南半球に集まっていて，現在のサハラ砂漠は南極に近いところに位置していました．先カンブリア時代の終わりには，グリーンランドとシベリアは赤道より南に位置しており，南アメリカのアマゾニアは南極にあって，オーストラリアは北半球に属していました．

長距離移動に関する現在の記録保持者は，アレクサンダー・テレーンとよばれている陸地です．現在はアラスカのパ

ン・ハンドルとよばれている地域を広く占めています．5億年前にそこはオーストラリアの東部に帰属していました．岩石の古地磁気学的な指標に，水平面から測った伏角というものがあり，それは地球内部に向かって傾斜していますが，その角度から岩石が形成されたときの緯度が推定できます．伏角が大きければ大きいほど，緯度が高いというわけです．もう一つの手がかりは，ジルコンという小さな鉱物粒子です．その鉱物には，放射性壊変の生成物が含まれていて，その鉱物ができたときのテクトニックな出来事の年代を与えます．アレクサンダー・テレーンでは，5億2000万年前と4億3000万年前の2回の造山運動期が明らかにされました．東オーストラリアは，これらの時期に造山運動があったところです．しかし，北アメリカは静穏状態でした．逆にいうと，北アメリカの西部は3億5000万年頃に活動的で，その時期にはアレクサンダー・テレーンは休止状態だったのです．アレクサンダー・テレーンは，3億7500万年前頃にオーストラリアから分離しはじめ，海底の海台を形成しました．この時代に多くの海洋動物の化石を含む地層が堆積しました．2億2500万年前になると，このテレーンは毎年10センチメートルのスピードで北へ移動し始めました．こうした運動は1億3500万年前まで続き，その後にこのテレーンは現在の緯度に達し，アラスカと衝突して北アメリカ大陸にみられる生物の化石が残されるようになりました．このテレーンが移動途中でカリフォルニアの海岸を一掃していき，カリフォルニアのマザー・ロードのゴールドベルトの物質を削り取っていった可能性があります．もし確かなら，カリフォルニアでの

ゴールドラッシュが起こったのと同じ岩石で，アラスカでもゴールドラッシュが起こったかもしれません．しかし，そこは2400キロメートルも北へ行ったところです．

大陸の集積

　プレート境界にはいくつかの異なるタイプがあります．それらは，中央海嶺での拡大中心，海嶺に直交するトランスフォーム断層，海洋リソスフェアが大陸の下へ潜り込んでいる沈み込み帯です．これらのすべては相対的に幅がせまく，明瞭な帯状地域で，比較的容易に理解でき，単純な断面図で説明することができます．しかし，もう一つ別のタイプのプレート境界があります．そこは大陸衝突帯とよばれているところで，地殻構造が複雑で，剛体的なプレートによるテクトニクスという考えは通用しません．海洋地殻が関与しているところでは，比較的理解しやすい状況になっています．海洋地殻が冷えて，密度が大きくなっているところでは，マントルに向かって約45度の角度で沈み込んでいます．これに対し，大陸地殻は沈み込むことができないため，海に浮かぶコルクのように，波をかぶっても浮いたまま漂っているのです．大陸地殻は海洋リソスフェアに比べると変形しやすいので，大陸どうしが衝突すると，重大な交通事故のような状況になります．

　どのようにインドがアジアと合体したかは，そのよい例です．数億年にわたって，インドはアフリカ，オーストラリア，南極などとともに南半球を動きまわる大陸の一つで，複

雑な田舎の舞踏会のパートナーのような動きをしていました．その後1億8000万年前になって，アフリカから分裂し北へ向かって移動し始めました．インドの西側には，ウエスタン・ガーツやデカン・トラップのような，すばらしい山脈がいくつもあります．それらには，西側にインド洋が広がっているにもかかわらず，川は東へ向かって流れているという奇妙な特徴があります．もう一つの謎は，パリ大学のビンセント・コーチロー教授がやってきて，これらの丘陵をつくっている玄武岩の古地磁気学的研究を始めた結果，明らかになったものです．彼は，ヒマラヤ山脈で研究を行っていて，さらに南に広がるインドでも同様の研究を行って，結果を比較しようとしました．彼は，厚い玄武岩の地層を用いることにより，何百万年にもわたって，いくつも地磁気の逆転を含む価値ある古地磁気学的データが得られるものと期待していました．ところが，それらはすべて同じ向きに磁化を獲得していて，せいぜい100万年という非常に短い期間に噴出していたのでした．オックスフォード大学のケイス・コックスとケンブリッジ大学のダン・マッケンジーは，何が起こったのか明らかにしようとしました．インドはかつて大きな大陸の一部でした．それが分裂して北上するときに，マントルプルームの上を通過し，ちょうどそのときに大量のマグマが噴出したのです．このときに大陸はドームのように膨らみました．デカン・トラップはそのドームの東側に位置していたのです．西に向かっては上り坂だったため，河川は西向きには流れなかったのです．数千年というわずかな期間に，数百万立方キロメートルという想像を絶するほどの大量の玄武岩質マ

グマが流出しました．その結果として，大陸は二つに分裂しました．インド亜大陸はそのうちの北東側のブロックだったのです．残りはセーシェル諸島とコモロ諸島の間の巨大な玄武岩質の台地として海中に存在しています．この大量の溶岩の噴出は6500万年前に起こっており，恐竜を含めてさまざまな動物が絶滅した境界（K/Pg，41ページ参照）の時期とほぼ一致しています．多くの生物を絶滅させたのは一つの小惑星ではなく，こうした大規模な火山噴火による汚染や気候変動が原因だったかもしれません．

ところで，インド亜大陸が北へ向かって移動した帰結として，巨大なテーチス海が閉じ，アジアにくっついたことがあります．テーチス海の海洋リソスフェアは密度が大きく，アジアの下のマントルに沈み込んでいきましたが，大陸地殻は沈み込むことができませんでした．二つの大陸は5500万年前に接触しましたが，大陸は大きな運動量をもっているので，誰もその動きを止めることができませんでした．その短縮のスピードは1年に10センチメートルぐらいでした．その後1年に5センチメートルぐらいにスピードを落としましたが，まるで自動車の衝突試験をスローモーションで見るように，衝突はその後もずっと続いています（図15）．こうした衝突の間，インド亜大陸は北へ向かってさらに2000キロメートルも動きました．最初に起こったことは，アジア大陸の下へインド亜大陸がくさびを打ち込むように潜り込むことで，ブルドーザーの前の土砂のように，海底の堆積物が山のように押し上げられ，一連の衝上断層によって地殻が厚みを

増したことです．この厚い地殻物質によってヒマラヤ山脈が形成されました．

ガンジス平原を北へ向かって進むと，これらの衝上断層の

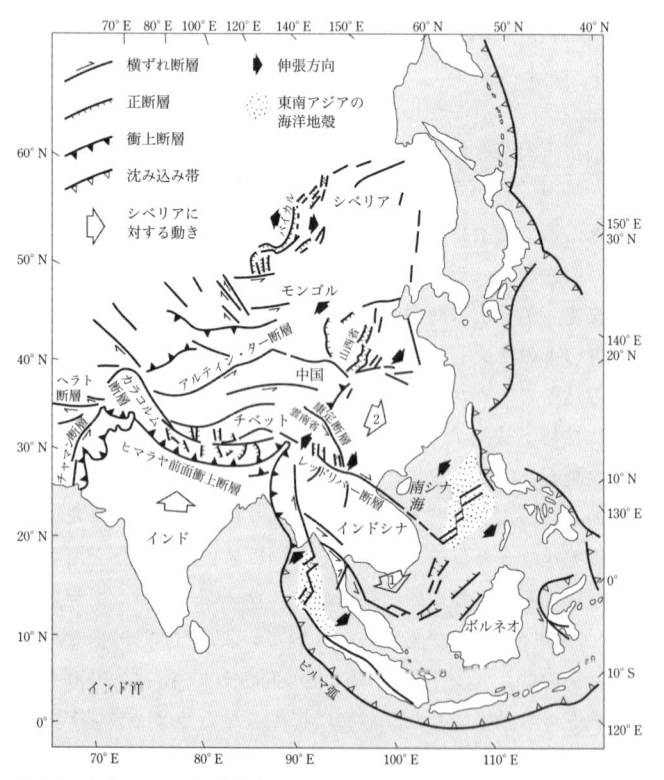

図 15 東南アジアの地体構造図．インド亜大陸の衝突によって形成された主要な断層線が示されている．中国やインドネシアは押し出されるような動きをしている．

最初の一つがするどい段丘地形で迫ってきます．段丘のあちこちには，かつて河床にあった堆積物が，いまは断層運動によって数十メートルも隆起して露出しています．それらはたった数千年前のもので，大きな地震によって突然かつ大規模な隆起をくり返してでき上がったものです．これらの段丘は，東西方向に伸びた一連の山脈の集まりであるヒマラヤ山脈の裾野にあります．それぞれの山脈の尾根は，大陸地殻の岩石の巨大なくさびに対応しています．ヒマラヤ山脈に現在露出している岩石は，古い時代の花崗岩と変成岩で，大陸の深部が隆起してむき出しになったものです．テーチス海の海底から押し上げられた褶曲した堆積物は山脈の北側のチベット高原の縁に露出しています．その背後には，縫合帯として知られている二つの大陸が出会った場所があり，湖が連なっています．

インドのような古くて安定した大陸は，相対的に硬く，剛体的に振る舞います．衝突を受けているアジア側は相対的に若く柔らかい岩石でできています．高温のマントルが固体状態で流動するように，地殻の岩石も流動します．私たちは地表にある岩石を見て，それらが硬く脆いと考えてしまいますが，石英のような地殻を構成する鉱物は，かんらん石がマントル深部で流動するように，数百度ぐらいの温度にするとキャンディのように流動します．インドとアジアの衝突に関するよいモデルは，インドを相対的に固い大陸とし，液体のような性質を示す何らかの物質へ向かって動かすことでつくることができます．そのときに，ある種のペンキのような液体

——押したときには硬いけれど，変形しやすい——を使うことです．こうしたモデルは，中央アジアの山脈のパターンを説明するだけでなく，チベット高原をも説明することができるでしょう．

チベットの隆起

　山積みされた密度の低い地殻物質は，単純な上向きにはたらく衝上運動によるのではなく，地域が全体に隆起することで生み出されます．チベット高原の下の密度の大きなリソスフェアの根が剥離し，その下のアセノスフェアへと沈んでいったのです．取り残された厚い大陸の岩石は，浮き上がるように上昇し，チベット高原を8キロメートルも隆起させました．同時に，アジア大陸の一部は，道を開けるように脇へ退き，インドネシアは東へ向かって移動しました（図15）．こうした横へずれる動きによって大陸はさらに南北方向に引っ張られ，チベットには湖を湛えたリフトや，ロシアのバイカル湖のような深いリフトが形成されました．深部にあった冷たくて密度の大きなリソスフェアが除去されると，高温のアセノスフェアがチベットの地殻にまで上昇してきて，局所的な地殻の融解をもたらしました．この地域の一部に分布する最近の火山岩の存在はこのように説明されます．さらに，チベット高原の南西部の地下20キロメートルのところには，部分溶融した花崗岩が存在するという地震学的な証拠もあります．こうした事実は，アジアがどのようにインドの衝突を受け止めているのかや，なぜ高い山脈に囲まれているチベット高原が平坦なままなのかといったことを説明するのに役立

ちます．大局的に見ると，チベット高原は，現在の平均5000メートルという標高以上に険しくなりそうもありません．さらなる隆起は，横方向への物質の流動によって相殺されてしまうでしょう．山岳地域が広がるとしても，そこの標高が海抜5000メートルを超えるようにはならないでしょう．ここでは高度増加は侵食によっても阻止されているのです．ヒマラヤ山脈では大量の物質が侵食されていますが，パキスタンのナンガ・パルバットのようなところでは，いまだに隆起が続いていて，その量は1年に数ミリメートルになります．こうした場所では土地の傾斜が大きくなり，地すべりを起こしやすくなっています．

モンスーン

　ヒマラヤ山脈の高度は旅客機が通常飛行する高さにまで達しています．この山脈は大気循環に対する大きな障壁となっています．その結果，中央アジアから北の地域は冬季に寒冷で，1年中乾燥しています．夏には，南西側から暖かい空気がチベット高原にまで上がってきて，湿った空気で包み込まれます．こうして雲ができ，湿度はインドモンスーンの土砂降りの雨になって地面を叩きます．モンスーンによってアラビア海の海水はよく循環し，栄養塩類を海洋表面にもたらすので，毎年のようにプランクトンが大繁殖します．こうした出来事は海底の堆積物に残されます．堆積物コアの解析によると，こうした一連の変化が800万年前に始まりました．これはチベット高原における主要な隆起が終息し，モンスーン特有の気候状態が成立した時期と一致しています．中国の風

成塵堆積物からは，ほぼ同じ時期にヒマラヤの北側の地域が乾燥したことがわかりました．アフリカの西海岸の堆積物でも変化が認められており，堆積物中に含まれる風成塵の割合が増加していました．こうした変化は，アフリカで乾燥化が進み，サハラ砂漠が形成され始めた時期と対応しており，湿った雲がインドへ向かって運ばれるようになったからだと考えられます．ある理論によりますと，ヒマラヤ山脈が侵食を受けるときに，大規模な化学的風化作用が起こり，大気中の二酸化炭素が消費されて濃度が低下し，250万年前から氷河時代が訪れました．そうだとすると，アフリカにおける気候変動がヒトの成立を促す進化圧を促したことになり，人類の起源にはチベットやヒマラヤの隆起が関係していることになります．

スイスロール

　地殻物質が積み重なってできたヒマラヤ山脈からさらに西へ向かうと，テーチス海は先細りになって入り江のようになっています．そこではイタリアとアフリカプレートがユーラシアプレートと衝突していますが，こうした大陸衝突の状況はやや規模が小さいもののヒマラヤ山脈とほぼ同様です．アルプス山脈は，最もよく研究されていて，理解が進んでいる山脈の一つです．その北側には堆積盆地が発達しており，そこはモラッセとして知られている堆積物で満たされています．アルプス山脈の南側にはイタリアがあり，ポー川がつくった平原が広がっていますが，これはインドのガンジス平原に対応するものです．その間にある山脈は，テーチス海から

運び上げられたフリッシュとよばれる海底堆積物が，くさび状に積み重なってできています．その先に，スイスアルプスの山岳地帯があって，大陸をつくる結晶質の基盤岩やその下にあった物質が部分融解してできた花崗岩質の貫入岩でできています．さらにそれらを越えると，一連の激しい褶曲を受けた岩石でできた，ナップとよばれる巨大な押しかぶせ褶曲で特徴づけられる地質構造が見られます．これらは北向きに褶曲し，自重で下にたわんだもので，ホイップクリームをスプーンですくったようなものです．こうしたナップ構造はしばしば非常に大規模で，若い堆積物の上に古い時代の堆積物が押しかぶさるようになっていて，とても混乱しそうな地層の重なりをつくっています．ヒマラヤ山脈のように，一連の衝上断層もあって，大陸地殻の厚さが場所によっては2倍になっています．

クラトン

　大陸は一つのまとまりをもった島のようなものではありません．大陸は分裂するし，くっついてひと塊になることもあります．アルプス山脈やヒマラヤ山脈のような今日の山脈は，少なくともそうしたものの最近の例です．そのほかの場所としては，とても古い時代にできた大陸で，かなり侵食を受けて，平坦な地形になっています．北西スコットランドのカレドニア山脈や北アメリカのアパラチア山脈はそうした例であり，かつてあった大西洋が閉じた4億2000万年前に形成されたものです．現在の大陸は，こうした特徴を備えたキルトでできたパッチワーク（つぎはぎ細工）のようなもので

す．しかし，大陸が古く，厚みが増すと，成長するにつれて剛性が強くなり，長い年月にわたって安定に存在するようになります．造山運動や火成活動をほとんど受けていない最も安定化した古い地殻はクラトン（温度が低く，安定した大陸）として知られていて，それらは南北アメリカ大陸，オーストラリア，ロシア，スカンジナビア，アフリカといった今日の大陸の核をつくっています．長い年月の間に，それらはゆっくりとした沈降を続けています．オーストラリアのエリー湖や北アメリカの五大湖は，そうした場所に形成されています．対照的に，南アフリカのクラトンは，下からやってきているマントルプルームの浮力によって，隆起し続けています．

大陸の断面図

地球内部構造を明らかにしたときと同じ原理を使って，地殻の内部構造が詳細に研究されています．それは地震波トモグラフィというものでした．空間分解能の高いイメージを得るために，地球の反対側で自然に発生しているランダムな地震を対象にして，まばらに置かれた地震計で観測するのではなく，その技術では，人工的に地震波を発生させて，空間的に稠密に展開された地震計網を使って，地下からの反射波を検出する方法が採用されています．こうした探査には高額な費用がかかるため，石油探査業界が独占的に利用していて，その結果はねたましいことに企業秘密にされていました．いまでは多くの国家的プロジェクトが行われ，得られたデータは多くの研究者に共有化されています．こうした研究で最も進歩しているのは北アメリカです．アメリカの深部大陸地殻

反射法地震探査コンソーシアムや，カナダのリソプローブ計画によって，詳細な地下断面図がたくさん得られています．地震波を発生させるために，特注のトラックを多数配置し，油圧ラムを用いて重い金属板で地面を叩く方法が採用されています．地下深部の振動は，何キロメートルにもおよぶ地震計のネットワークでモニターされます．それらをコンピュータで解析することによって，地震波をよく反射する地下の不連続面や密度の急変場所が明らかにされるのです．こうした断面図は，石油探査をする人たちが興味を示す堆積盆地よりも深い地下にまで及んでいます（図16）．こうした断面図で，遠い昔に大陸どうしが合体した縫合帯が明らかにされています．カナダのスペリオル湖の地域では，マントルに沈み込んでいる層からの反射がとらえられています．そこは，最も古い沈み込み帯で，27億年前に沈み込んだ海洋底が横たわっていると考えられています．こうした断面図によって，マントルからやってきた玄武岩質マグマが，厚い大陸地殻を通り抜けることができずに，大陸地殻の底面にシート状に広がって層状火成岩体を形成している様子が明らかにされています．さらに，大陸地殻の岩石が地下深部へと埋没して，融解し始め，大陸地殻を再び上昇して，花崗岩として再結晶化している様子も明らかにされています．

花崗岩の興隆

　地殻の岩石が積み重なっていくと，大陸地殻の底はだんだん深くなっていきます．地下深くに沈むと，加熱され，下面の岩石は融解するようになります．その多くは古い時代の堆

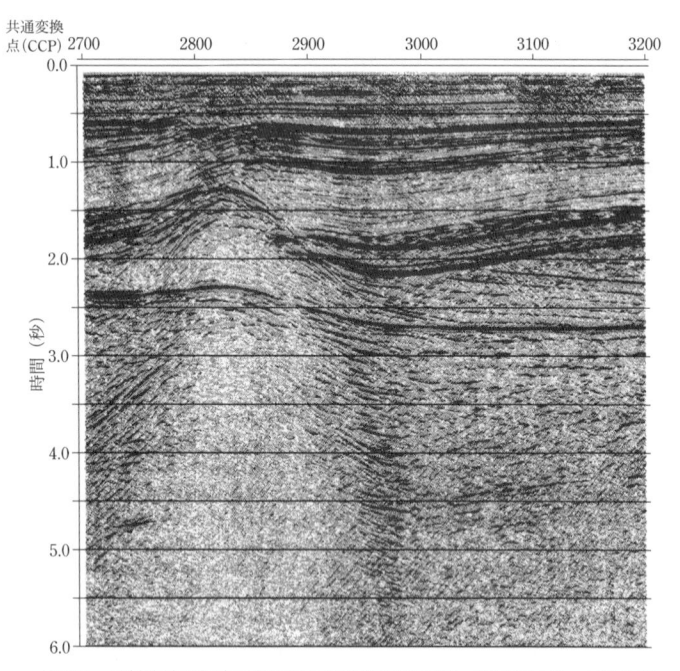

図16 反射法地震探査で得られた地下断面図の例．地殻中にドーム状の構造が見られる．縦軸は反射した地震波が戻ってくるまでの時間で，地震波速度によって深さを推算することができる．

積岩で，何十億年も前に海洋底で堆積したものです．それらには岩石中に化学的に結合した水を含んでいます　水は岩石を融解させたり，滑りやすくするはたらきがあり，地表に向かって上昇することを容易にします．火山岩とは違って，それらは厚みがあり，火山から噴出するには粘り気が大きすぎます．そうではなく，さしわたしが数千メートルもある巨大な溶融した岩石の塊となって，かなり大きなスピードで大陸

の上部をつくっている地層を押し上げるように上昇してきます．それらは周囲の岩石を熱で焦がし，ゆっくりと冷えて，石英，長石，雲母といった鉱物からなる粗い結晶の集まった岩石になります．これが花崗岩です．最終的に，周囲の岩石が侵食されると，ダートモールのような花崗岩質のドームが地表に現れるのです．

花崗岩は，造山運動や火成活動が活発で，適度に水がある惑星では，必然的に生成される岩石だと考えられます．しかし，水の世界ともいうべき，水があって大陸がないような惑星は存在しえないでしょう．もし水が存在すれば，岩石の化学組成を変え，融解するときには潤滑剤として流動しやすくし，海に浮かぶ大陸の尾根を生み出す大量の花崗岩を生成させるでしょう．水がなければ，プレート運動が存在しない金星のような惑星になるでしょう．融けたマグマによる内部からの火がなければ，古く冷たい地表をもち，生命が存在しているにしても地下深くに潜んでいるような火星のような惑星になるでしょう．地球では，ダイナミックな海洋と大陸があります．しかし，それらの間には，生物を絶滅させるような相互作用があることもあります．

地球の富

地質学的な探査をする動機の一つは，鉱物資源を探すことです．希少で価値の高い物質がいろいろな地質学的な過程で形成されたり濃縮されたりしています．堆積盆地における有機物の残存物は，地球の熱で処理されて石炭，石油，天然ガ

スに変化しています．有用な金属の硫化物が深海底の熱水噴出孔で濃縮されることや，深海底でマンガンノジュールが形成されることはすでに述べました．鉱物はさまざまな過程で大陸の岩石にも濃縮しています．融けた岩石では，結晶が生成し始め，最も比重の大きいものはマグマ溜まりの底に沈殿していきます．溶融した岩石中で，鉱物が濃縮することもありますが，マグマがさまざまな岩石中に入り込んで，その末端部に超加熱状態の水や水蒸気をもたらします．圧力が高い状況下では，こうした熱水が多くの鉱物を溶解しますが，とりわけ金属を含んだ鉱物を溶解し，亀裂や割れ目に貫入して，鉱物が岩脈状に析出しています．そのほかの鉱物は，水が蒸発したり，岩石が侵食を受けるときに多くのものが失われ，残された鉱物が地表近くで濃縮します．そうした鉱物を回収する技術があれば，地球の富を手に入れることができるのです．

失われた大陸の探査

もし大陸というあくが地球の歴史を通じて地球表面に蓄積してきたとすれば，それはいつ頃からでき始めたのでしょうか．最初の大陸はどこへ行ったのでしょうか．それは簡単には答えられる質問ではありません．最も古い地殻の岩石は，くり返し変成作用を受けているので，そうした岩石を理解することはほとんど無理です．それらは，褶曲を受け，破壊され，埋没し，部分溶融していて，くり返し褶曲を受けたり破壊されたり，さらに新しい貫入岩体の貫入を受けていることもあります．それは廃棄物処分場で押しつぶされたスクラッ

プから個々の自動車の部品を見つけ出すようなものです．しかし，地球上で最古の岩石を探し出すことは終わりに近づいています．初期の挑戦のいくつかは南アフリカのバーバートングリーンストーンベルトからやってきました．それらは35億年以上も前のものでしたが，枕状溶岩や海洋島の名残で，大陸地殻からのものではありませんでした．同様の岩石は，西オーストラリアのピルバラ地域でも発見されています．南西グリーンランドからもたらされた岩石は37億5000万年前という年代を示しましたが，それらも海洋の火山岩でした．最初の大陸に対する最も可能性の高い候補は，カナダ北部の真ん中にありました．それは，イエローナイフという町から250キロメートル北の人の住んでいない不毛の大地にあり，アカスタ川の近くに位置していました．そこには一つの小屋が建っていて，なかにはハンマーとキャンプ用品が入っています．ドアの上のほうには「40億年前に設立されたアカスタ市ホール」と書かれています．そのあたりの岩石のなかには，40億年以上も前の年代を示すものがあるのです．

　ジルコンという鉱物粒子のおかげでそれらの岩石の秘密が解き明かされるのです．この鉱物の結晶格子にはウランが取り込められていて，放射性壊変によって鉛に変化しています．鉱物粒子は再溶融や後の時代の結晶成長，宇宙線照射による損傷によって乱されることがありますが，オーストラリアで開発されたSHRIMP（高感度高解像度イオンマイクロプローブ）を使って，絞り込んだ酸素イオンのビームによって，ひと粒の小さいジルコン粒子のあちこちから原子を弾き

飛ばし，個別に分析することができるのです．鉱物粒子の中心部は，40億5500万年という年代を示し，これが地球最古の岩石となりました．このことは，地球が誕生してから5億年より短い年月が経ったときにすでに大陸地殻があったことを証明しています．

砂粒の永遠性

しかし，もっと古い年代を与える興味深い証拠があります．西オーストラリアのパースから800キロメートル北のところにジャック・ヒルズという場所がありますが，そこには礫岩が露出しています．この礫岩は，丸い石ころが集まってできた30億年前の岩石です．この岩石の礫の間に，もっと古い時代の岩石が侵食を受けてもたらされたジルコンが含まれていました．そうしたジルコン粒子の一つが44億年前という値を示しました．さらに結晶中の酸素同位体比を分析したところ，地球表面はすでに冷却していて，液体の水が存在していたことが示唆されました．この研究によって，これまで誰も考えたことがないほどの古い時代である，地球が形成されてから数億年という時期にすでに大陸や海があることが示唆されました．これは当時，地球表面は部分溶融状態で，生命が生存できるような状態ではなかったという考えと矛盾しています．

未来の超大陸

本章では，時間を過去にさかのぼり，ワルツを舞うような大陸の移動の歴史を見てきました．しかし，大陸はいまでも

動きを続けています．これから5000万年，1億年あるいは数億年後に世界はどのようになっているのでしょう．まず最初に，物事は現在進んでいる方向にずっと進んでいくと仮定するのは道理にかなっています．大西洋は拡大を続け，太平洋は縮小していくでしょう．テーチス海を閉じさせた過程は今後も続いていき，アルプス山脈やヒマラヤ山脈の間にある危険な国々では地震や造山性の隆起が続くでしょう．オーストラリアは北へ向かって移動を続け，ボルネオ島を飲み込んで，ねじれるように向きを変えて中国と衝突するでしょう．さらに未来にいくと，大陸のあるものは運動の向きを逆転するかもしれません．大西洋の先祖ともいえるイアペタス海は拡大した後，短縮に転じたので，大西洋の海洋底はやがて冷却して収縮し，沈降するようになり，おそらくアメリカの東海岸に沈み込むようになるでしょう．テキサス州アーリントンにあるテキサス大学のクリストファー・スコッティーズは，いまから2億5000万年後に，新たな超大陸であるパンゲア・アルチマ（究極のパンゲアの意）が形成されると予言しています．その超大陸には内海がある可能性がありますが，それは，かつて一世を風靡した大西洋の名残なのです．

第6章
火　山

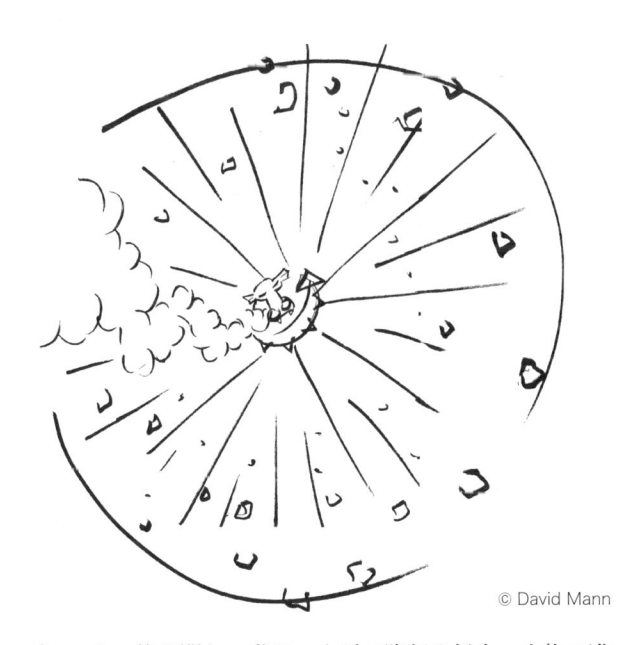

© David Mann

　プレートの絶え間ない動き，山脈の隆起や侵食，生物の進化は，地質学的な長い時間のなかでどのような過程だったのか，かなりよく理解されています．しかし，地球で作用している過程のなかには，人の一生の時間スケールで，突発的に

起こり，地形を大きく変化させ，生物の命を奪うような現象があります．それは火山の営みです．プレートの境界を示した世界地図に活火山の分布をプロットすると，両者の関係は明白になります．太平洋を取り巻く火山帯は，環太平洋火山帯とよばれていますが，それは明らかにプレート境界と一致しています．しかし，火山に供給される融けた岩石はどこからやってくるのでしょうか．ある火山では穏やかな噴火でマグマが少しずつ流出して溶岩流を形成しているのに対し，別の火山ではすべてを破壊するような爆発的な噴火をするといったように，火山の営みが一つひとつ異なっているのはなぜなのでしょうか．また，太平洋の真ん中にあるハワイの火山のように，ある種の火山が，プレート境界から遠く離れた場所に位置しているのはなぜなのでしょうか．

歴史を調べると，火山の噴火に関する目撃記録や，その説明がたくさん見つかります．それらには，神話的なもの，空想的なものもありますが，驚くほど正確なものもあります．すぐれた記述の一つに小プリニウスによるものがあります．彼は，西暦79年のベスビオ火山の噴火によって叔父の大プリニウスが亡くなったことや，古代都市のポンペイとハラクラネウムが破壊されたことを記述しています．しかし，長い間，火山噴火の原因がどのようなものであるか誰も理解できませんでした．ハワイの神ペレのように，しばしば，火山噴火は神の仕業であると考えられました．中世ヨーロッパでは，火山は，地獄の煙突であると考えられました．その後，地球は冷えつつある星であり，星の火がまだ内部に残ってい

て，火山と割れ目でつながっていると考えられました．19世紀になると，水成論者たちの理論に基づいて，私たちが現在知っている火山岩が海から沈殿したものであると主張され，それらがかつて溶融状態だったとする火成論者に反論を唱えました．火成論者の考えが支持されるようになると，多くの人々は地球内部が溶融状態であると考えました．こうした考えは，地震学が夜明けを迎える頃まで退けられることはありませんでした．謎の一つに，火山岩にはいろいろな化学組成のものが存在するということがありました．ときには，一つの火山から異なる組成のマグマが噴出していました．チャールズ・ダーウィンは，ガラパゴス諸島の火山岩に関する観察を根拠に，マグマから密度の大きな結晶が晶出して，マグマ中を沈んでいったことによって，マグマの組成が変化したという説を提唱した，初期の人物の一人です．アーサー・ホームズは20世紀の半ばに，彼の大陸移動の考えとともに，固体状態の地球のマントルで対流が起こっているとする考えを提唱し，火山の本質に迫った最初の科学者でした．

岩石はどのように融けるのか

　火山を理解する鍵は，いかに岩石が融解するのかを理解することで得られます．まず，岩石は完全には融解する必要はありません．すなわち，液体状態の溶融したマグマを生み出しているにもかかわらず，マントルの大部分は固体のままなのです．このことは，メルトがマントルの平均的な化学組成とは異なる組成をもっていることを意味しています．マントルの岩石を構成する鉱物粒とメルトの界面のなす角度を二面

角といいますが，この角度が小さいときには，岩石は多孔質のスポンジのよう振る舞い，メルトが搾り出されるのです．メルトが合流し，ある種の波動のように急激に上昇していく様子が計算によって示されていて，典型的な噴火で見られるような溶岩の流出が再現されています．

　岩石の融解には，温度上昇を伴う必要はありません．圧力が低下することによっても起こるのです．したがって，高温のプルームでは，上昇によって圧力が下がるので，固体状態のマントルが融解するようになります．マントルプルームの場合には，かなり深い深度でこうしたことが起こっています．ハワイで噴出している玄武岩のヘリウム同位体比は，それが150キロメートルの深さで融解したことを示唆しています．その深さにおける岩石はかんらん岩で，かんらん石を多く含んでいます．こうした岩石に比べると，噴出したマグマには，マグネシウムが少なく，アルミニウムに富んでいます．マントルの岩石のうち，4％程度が融解することによって，ハワイの玄武岩が生み出されているのです．

　中央海嶺系の下では，岩石の融解はもっと浅いところで起こっています．そこでは，リソスフェアのマントル部分がほとんど存在しておらず，高温のアセノスフェアが地表に近いところに達しています．圧力がずっと低いので，融解する岩石の割合は高くなっていて，20から25％に達しています．供給されるマグマの量は，海洋底の拡大速度に見合っていて，約7キロメートルの厚さの海洋地殻が生み出されていま

す．中央海嶺におけるマグマの噴出は，海面下2000メートルの深さで起こっていて，ほとんど知られることなく急冷して枕状溶岩になっています．しかし，地震学的研究によって，中央海嶺下の数キロメートルの深度のところにマグマ溜まりがあることがわかっています．こうしたマグマ溜まりは太平洋やインド洋ではふつうに見られますが，大西洋中央海嶺でも，ところによってはマグマ溜まりが存在するといういくつかの証拠が見つかっています．アイスランドのように，マントルプルームの位置が中央海嶺系と一致している場合には，より大量のマグマが発生していて，地殻は厚くなっており，アイスランドのように海水面より上に突き出しているところもあります．

ハワイ

　ハワイのビッグ・アイランド（ハワイ島）には親しみやすい火山があり，人気があります．ヒロの町は，背後にそびえ立つ標高4000メートルもあるマウナロアの噴火のリスクよりも，遠くの地震による津波の危険性のほうが高いでしょう．その北西には，ハワイ諸島や大皇海山列が続いており，太平洋プレートがその下のマントルプルームの上を移動していった長い旅をたどることができます．ハワイのビッグ・アイランドの南には，ロイヒがあります．これは最も新しいハワイの火山です．それはまだ太平洋の海面上に突き出ていませんが，海洋底の上に大きな玄武岩質の山体を構築しています．そう遠くない未来には，さらに発達して火山島になるでしょう．ハワイの溶岩は非常に流れやすいので，溶岩は広い

範囲に薄く広がっていきます．したがって，溶岩流が急斜面をつくるようなことはほとんどありません．こうした火山は，楯状火山とよばれていて，広い範囲に玄武岩を流出しています．ときには，一つの溶岩流がトンネルを通って流れていくことがあります．溶岩流の表面が固化しても，内部ではマグマの流れが続いているのです．マグマの供給が止まると，トンネル内のマグマは流れ下ってしまい，空洞が残されます．

　ハワイで最後に噴火が終息した大きな火山に，マウナケアがあります．そこは世界の天文台の基地になっていて，地球上で最も澄み切った空の下にあります．ある晩にそこに滞在したのですが，マウナロアの山腹にあるプーオオ火口から立ち上る炎のような噴火を双眼鏡で眺めることができました．その翌日は，新たに流れた溶岩流の上をヘリコプターで低空飛行することができました．開けた窓越しに，まだ部分的に流れ続けている白熱した溶岩からの放射による熱や空気中の微量な硫黄の匂いを体験することができました．しかし，その飛行はまったく安全で，噴煙や水蒸気を避ける必要はありましたが，火口の上でホバーリングすることもできました．近くにあるキラウエアの火口では，最近の噴火がくり返し起こっていて，火山観測所や展望台が設置されています．毎週のように訪問者たちは，新たな噴火を見ることができますが，それらはふつうリフト（山腹の割れ目）に沿って噴出する赤く光る溶岩の噴水でできたカーテンの形成で始まります．その炎は何かが燃えているのではありません．流れ出る

高温の溶岩から放出される火山ガスが，空へ向かって数十メートルから数百メートルの高さに達する発光する蒸気をつくり出すのです．こうした噴火はたったの数時間で終息することがほとんどです．マグマの噴水は空高くにまで達しますが，溶岩が流動性に富んでいるために，爆発的なものではないのです．こうした状況であるがために，近くの火山観測所からやってきた火山学者たちは，断熱服を着用することで，熱い溶岩や火口にまでに近づくことができるのです．火山学者たちは，すでに高感度地震計の観測網による観測や，上昇するマグマによって生じる重力の変化を測定することで，マグマが火口に近づいていることを知っています．ときには，火口で直接放出されたばかりで混入物を含まない火山ガスを採取したり，溶岩の温度を測定したりしています．噴出する溶岩の温度はおよそ1150℃です．

プリーニー型噴火

　火山噴火の様相は，マグマの粘性，すなわちマグマの粘り気や，マグマに含まれている気体や水の量によって決まっています．噴火の初期に地下水が存在していれば，急激に蒸発して水蒸気爆発を起こします．圧力が下がると，マグマに溶けていた気体が脱ガスして，急激に膨張し，爆発的な噴火を起こします．流動しやすい玄武岩にはそこそこガスが含まれているので，ハワイでは溶岩噴泉が見られます．ガスが大量に含まれている場合は，マグマが細かく粉砕されて，火山灰やスコリアが放出されます．ガスを大量に含んだマグマでは激しい爆発的な噴火になります．比較的浅いマグマ溜まりで，

マグマの状態が落ち着くまで時間が十分あれば，そうした爆発にはなりません．ときには，ガスや火山灰が急激に上空にまで噴き上げられ，広い範囲に火山灰が降下します．こうした噴火が西暦79年にベスビオ火山で目撃され，プリーニーの叔父の死にちなんでプリーニー型の噴火とよばれています．

　こうした噴火によってさまざまな火山岩が生成されます．火山灰やスコリアが地表に達する前にすでに硬く冷えていれば，火山灰層が堆積します．もし破片がまだ溶融状態であれば，溶結凝灰岩になります．火口に近いところでは，大きなマグマの塊が放出されます．もしそれらがまだ融けた状態であれば，牛糞のような飛散性の火山弾となります．もし内部が溶融状態のまま，大気中で冷えて表皮ができている場合には，内部の膨張によって表皮が裂け，パン皮状火山弾になります．急激に冷えて固まった溶岩は，黒曜石とよばれる火山ガラスになります．さらに，気体の泡を含んだまま溶岩が固化する場合は，気孔がたくさんできます．ときには，溶岩中に気泡が無数にできて泡だらけになり，水に浮くほどの密度の軽い塊になります．こうしたものは軽石といいます．溶岩の表面は非常にごつごつして，石炭の燃えかすのようになりますが，ハワイではアア溶岩とよばれています．（これはハワイの言葉ですが，溶岩の上を歩こうとしたときに発する言葉ではありません．）液体状の溶岩が流れるときに，表面にできる表皮には，皺ができ流線模様を生じさせますが，こうした模様はロープのようにねじれていて，パホエホエ溶岩とよばれています．ときには，溶岩が引っ張り伸ばされて細い

糸のようになりますが、そうしたものはペレの毛とよばれています.

環太平洋火山帯

　溶岩噴泉や勢いよく流れる溶岩流に近づかなければ，ハワイの噴火はかなり安全です．しかし，こうした状況はほかの火山では当てはまりません．太平洋は，環太平洋火山帯に縁取られていて，そのほとんどの火山の性格は気まぐれで怒りっぽいものです．海洋プレートが大陸あるいは弧状列島の下へ潜り込んでいるところでは，成層火山が形成されます．こうした火山は，よく絵葉書の絵柄になっています．日本の富士山はそうしたものの一つで，傾斜のきつい円錐形をしていて，山頂付近には雪が積もっていて，山頂には煙をはく火口があります．しかし，そうした火山の美しさは，不吉な挙動を包み隠しています．こうした火山は，1991年のフィリピンのピナツボ火山のように地震や突発的で爆発的な噴火を起こすことで悪名が高いのです．これらの火山は成層火山とよばれているのですが，その内部は溶岩と火山灰やスコリアが交互に積み重なって成層構造をしているからで，火山灰やスコリアはその裾野の広がりよりもずっと広い範囲に及んでいます．

　こうした火山の挙動がハワイの火山に比べて爆発的な理由は，マグマがマントルに由来するようなきれいで新鮮なものではないからです．環太平洋火山帯の下に沈み込んでいく物質は，古い海洋地殻です．それは水びたしになっていて，間

第6章　火　山

隙中，あるいは含水鉱物として水を含んでいます．スラブがマントルへ沈んでいくと，地中深くに達することと，沈み込みに伴う摩擦によって加熱されます．水が存在すると，融点が低下するので，部分溶融します．圧力が非常に高いので，マグマに水が溶け込んで，マグマを流れやすくします．こうしたマグマが搾り出されて，大陸の地殻を上昇していきます．地表に近いところで，圧力が低下して水が水蒸気として抜け出します．これが急激かつ爆発的に起こると，よく振ったシャンペンのコルクを抜いたような発泡が起こるわけです．

マグマは上昇する途中でマグマ溜まりに蓄積されます．これはマグマ溜まりの圧力が噴火に必要な圧力に達するまで続きます．その間に，密度の大きな鉱物が結晶化して，マグマ溜まりの底に向かって沈降していきます．こうした鉱物は鉄に富んでいて，玄武岩を黒っぽい色にし，密度を大きくしているものです．マグマ溜まりに残されたマグマで後に噴火するものは色が白っぽくなり，ときにはシリカの含有量が70から80％にまで増加します．これは玄武岩中のシリカの含有量が50％かそれ以下であることと比べるとかなり高い値です．こうしたマグマが固化すると，流紋岩や安山岩になります．これらの火山岩は日本やアンデス山脈ではふつうに見られるもので，マグマは水の含有量が高いだけでなく，シリカに富んでいて粘性が高く，粘り気が強いので，爆発的な噴火を起こすわけです．こうしたマグマは，流動することはほとんどなく，発泡した気体は脱ガスすることができず，したがって，マグマは溶岩噴泉をつくることはなく，爆発的に飛

セントヘレンズ火山

　近年に起こった有名な噴火の一つが，こうしたタイプの火山によるものでした．アメリカの北西部のワシントン州のセントヘレンズ火山で，太平洋プレートが沈み込んでいるところにあります．1980年の初めには，この火山は針葉樹林と湖に囲まれた美しい山で，有名な休日の行楽地となっていました．1857年以来，目立った活動はありませんでした．そして，1980年5月20日に，小規模の地震が頻発した後，マグニチュード4.2の地震が発生し，再び目覚めたのです．その後も地震活動は増加し，5月27日までに，小規模の岩屑流をたびたび発生させました．まもなく山頂の火口で大きな噴火があり，セントヘレンズ山は火山灰と水蒸気を噴出させ始めました（図17）．上空を吹いていた風によって，火山灰は風下に流れ，山の半分は黒っぽい火山灰が降り積もりました．風上は白い雪で覆われたままでした．この山はツートンカラーになりました．

　それまでは溶岩の流出はありませんでした．火口から出てきたものは火山灰を伴う水蒸気でした．しかし，それらは火山の下にマグマが上昇してきていることを示すものでした．地震活動は継続していましたが，地震計は，通常の地震に伴うようなするどい振動ではなく，連続的でリズミカルな動きを示す大地の振動を記録し始めていました．これは火山性微動とよばれているもので，火山の下へマグマが上昇してくる

図17 1980年のワシントン州のセントヘレンズ火山の噴火はものすごい噴火で、近年のなかでは最も詳しい記録が残されている。© Max Gutierrez/Bride Lane Library/Popperfoto/Getty Images

ときに発生する揺れだと考えられているものです．5月の中旬までに，1万個の地震が記録され，セントヘレンズ山の北側の山腹が大きく膨らんでいることがわかりました．山体のあちこちに設置された反射鏡にレーザー光を当てることにより，地球物理学者たちは，その成長を測定することができました．その結果，その膨らみは1日に1.5メートルずつ北側へ押し出されていることがわかりました．5月12日までに，膨らんだ部分の隆起量は，ところによってマグマが上昇する以前に比べて138メートルにも達していました．火山は，文字どおり下からくさびを打たれて，不安定で危険な状態になっていたのでした．

5月18日の日曜日の早朝，ケイスとドロシー・ストーフェル夫妻は，小型の飛行機で火山の上空を飛行していて，火口の内側で岩や雪がすべり落ちているのに気づきました．それから数秒後には，山頂火口の北側が全面的に動き出しました．膨らみが大規模な岩屑流を発生させたのです．それは，シャンパンのビンのコルク栓を抜いたような状況でした．内部に潜んでいたマグマが露出したのです．爆発は瞬間的に起きました．ストーフェル夫妻は，飛行機を急降下させてスピードを稼ぎ避難することができました．アメリカ地質調査所のダヴィド・ジョンソンは，運がよくありませんでした．火山の北10キロメートルのところにある彼の観測点から最新のレーザービームによる測定値が無線で送られてきたのは，その1時間半前でした．北斜面は崩落すると，まっすぐに彼のもとへ向かってきました．彼はこの噴火で死亡した57人

の1人だったのです．

　爆発的噴火は岩屑流の発生の数秒後に起こったものですが，すぐに岩屑流を追い越しました．それは時速1000キロメートルのスピードで扇状に広がりました．半径12キロメートルを超える領域までにおいては，樹木はなぎ倒されたのではなく，吹き飛んだのです．生存者はおろか人工物は何も残っていませんでした．30キロメートルの距離まででは，樹木はことごとくなぎ倒され，くぼ地になっているところがわずかに残っただけでした．さらに外側の地域では，葉は焼け焦げ，枝が折れてしまっていました．

　山腹噴火の直後に，火山灰と水蒸気からなる噴煙柱が上昇していきました．10分も経たないうちに，高度20キロメートルに達し，典型的なきのこ雲のように広がっていきました．渦に巻き込まれた火山灰粒子に静電気が蓄積し，雷放電によってあちこちで山火事が発生しました．風によって火山灰は東に広がっていき，人工衛星はそれらが地球全体に広がっていくのを追跡しました．アメリカの北西部では1センチから10センチメートルの厚さの火山灰が積もりました．9時間にわたる激しい噴火活動の間に，5万7000平方キロメートルの範囲に，5億4000万トンの火山灰が降り積もったのです．

　こうした噴火に伴うもう一つの危険な現象に，火砕流があります．これは爆発によって砕けたマグマや岩石の粒子でで

きていて，高温の気体を伴って，時速数百キロメートルで流れ下っていきます．そのスピードの速さと温度が致死的な結果をもたらします．インドの西にあるマルチニーク島のモンプレーが1902年に噴火したときには，火砕流がサンピエールの市街地に流れ込み，約3万人の住民が命を落としました．皮肉的なことですが，生き残ったたった2人の人間は，刑務所の厚い壁で囲まれていて換気の悪い独房に収容されていたために助かったのです．セントヘレンズ火山の火砕流は，岩屑流よりも先へは到達しませんでした．しかし，ところによっては火砕流が古い湖のところで止まったものの，まだ高温状態だったため，水を急激に蒸発させて，水蒸気へと変え，二次的な爆発のような結果をまねきました．西暦79年にポンペイを破壊したのも火砕流だったのでしょう．

セントヘレンズ火山は，中腹に新しい火口をつくりましたが，噴火の前よりも400メートルも標高を低くしました．その後も活動が続いていて，1988年に何回か噴火していますし，1992年にも1回噴火しています．しかし，これらは1980年の噴火に比べればたいしたことはありませんでした．今日では，科学的な観測機器が密集するように設置されており，それらによってさらなる活動の兆候が検出されるでしょう．

過去の火山噴火
セントヘレンズ火山の噴火はとてつもなく大規模なものでした．しかし，それは歴史時代や先史時代の火山噴火に比べたら小さなものです．その噴火で大気中に放出された物質は

1.4立方キロメートルでした．これに比較すると，1815年のインドネシアのタンボラ火山の噴火では，30立方キロメートルの物質が放出されましたし，紀元前5000年前のオレゴン州のマザマ火山の噴火では，放出された火山灰は40立方キロメートルと推定されています．1883年に，クラカタウ島〔それはジャワの西に位置していて，映画のタイトル(「ジャワの東」(1968))のように東にはありませんが〕が噴火し，海洋底に深さ290メートルの火口を残しました．このとき発生した津波は，蒸気船をジャングルの奥地にまで乗り上げさせるほどでしたが，これによる犠牲者は3万6000人でした．紀元前1627年頃，エーゲ海に浮かぶサントリニ諸島，あるいはテラ島火山が噴火しています．この噴火はミノア文明の青銅器時代の最盛期に起こり，文明の衰退をもたらしました．また，この出来事が元で，アトランティスという失われた大陸に関する伝説が生まれました．地質学的な時間スケールでは，これらは一連の激しい火山噴火の最近の出来事にすぎないのです．

火山の解剖学

タンクのようなマグマ溜まりの上に円錐形をした山があって，山頂から溶岩が流れ出しているといったようなステレオタイプの火山はほとんどありません．最もよく研究されている火山の一つに，シチリア島のエトナ火山がありますが，この火山はもっとずっと複雑な構造をしています（図18）．この火山は非常に活動的で，それが形成されたのはたったの25万年前のことです．しかし，過去30年間にわたる活動の

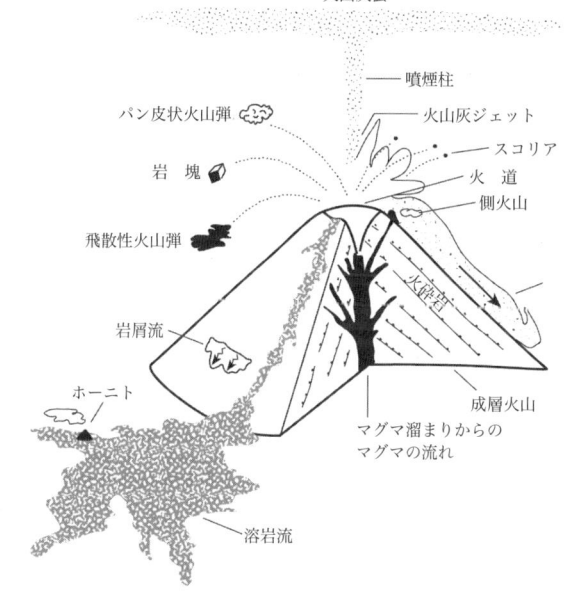

図 18 エトナ火山のような活動的な複合火山の特徴

激しさが，いつの時代にも続いていたわけではありません．もっと活動の激しい時期もあったと考えられています．それはベスビオ火山や，さらに北にあるブルカノやストロンボリといった島にある火山とは異なっています．それらはイオニア海の海底の沈み込みによって供給されたマグマがつくった成層火山です．エトナ火山は対照的に，おそらくマントルプルーム起源です．しかし，その活動の性質は変化してきています．異なる時代に活動した溶岩の化学組成を分析すると，最近になるほど，北に位置しているプレートの沈み込みに伴

ってマグマの供給を受けている火山と同様の特徴が見られるようになっており，噴火の性質も変わってきていて，より爆発的な噴火が起こり，潜在的危険性も高まっています．

　エトナのような火山における火道は非常に複雑です．マグマが上昇してくるのを待っている空洞のパイプがあるわけではありません．マグマは最も抵抗の少ない経路を探しながら上昇してくるのです．マントルプルームの場合には，選択される経路は，密度の低い物質でできた円筒状の領域であって，しずくのような形をしたマグマの塊が容易に押し上がって来られる場所に相当しています．硬い地殻では，マグマは亀裂や割れ目を通る経路を探し出します．大きな火山体は，とても重く，下にある地殻に大きな荷重を与えていて，同心円状の割れ目のネットワークができています（図19）．火山の活動が低下すると，こうした割れ目で陥没が生じ，大きなカルデラが形成されます．マグマが再び上昇してくる場合には，割れ目に入り込んで，同心円状に配列した円錐形の岩脈群であるリング・ダイクが形成されます．マグマが火山体に上昇してくると，山体が膨張して，微小地震を発生しつつ亀裂が形成されていきます．エトナ火山の場合には，山頂の火口では絶えず活動が続いています．私は活動が静穏化した時期に，がさがさに降り積もったスコリア丘（シンダー・コーン）の急斜面を登って，じっくり観察をしたことがあります．そのときでも，地面を触ると温かく，空気中には硫黄の臭いが漂っていました．噴出口からは水蒸気が立ち上り，私の想像では巨人か竜がいびきをかいているような音を立てて

(a) 割れ目噴火 ゆるやかな斜面を玄武岩質溶岩がかなり遠方にまで流出する

開口
割れ目

(b) 楯状火山

くり返し玄武岩質溶岩が流出することで，傾斜がゆるやかな楯状火山が形成される

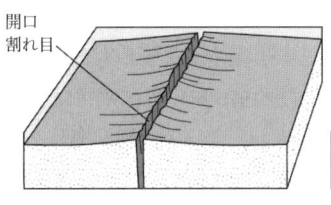

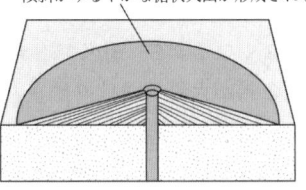

(c) 溶岩ドーム

粘性の高い溶岩がすぐに冷えて急斜面が形成される

火道で溶岩が冷えて，さらに下から押し上げられると突起状になる

(d) 成層火山

傾斜がしだいにゆるくなる

火山灰や噴石が層状に堆積している

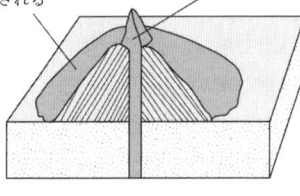

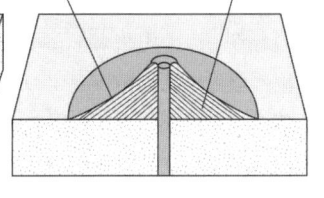

(e) 複合火山

酸性溶岩（穏やかな噴火）と火山灰（爆発的噴火）のくり返しによる成層構造

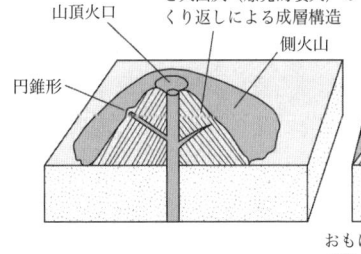

山頂火口

側火山

円錐形

おもに酸性溶岩からできており火山灰を含む

(f) カルデラ

地殻変動による斜面の沈降

新しくできた中央火口丘

カルデラが水で満たされて火口湖ができたり，海面下に没すると潟になる

図19 形態に基づいて分類されたおもな火山のタイプ．SiO_2（シリカ）の乏しいマグマは塩基性マグマといい，粘性率が低い（a, b）のに対し，SiO_2に富んだマグマは酸性マグマといい，粘性率が高い（c, d）．酸性マグマには水などの揮発性成分が多く，爆発的噴火を引き起こす．

第6章 火山

いました.

　時々竜は目覚め,火口の縁は立っているには安全な場所ではなくなります.噴火が始まると,直径1メートルもある高温の岩が大気中に放り出されます.1979年には,噴火はこうして始まりましたが,強い雨が降って火口の内側が崩れたら静穏化しました.しかし,その後圧力が高まって,爆発的な噴火が起こりました.不幸にも,そのとき多くの観光客が火口の縁に立っていました.30人が怪我をし,9人は命を落としました.オープン大学のジョン・ミュレイ博士は,1986年のもう一つの出来事をよく思い出します.彼は,その日の午後になって活動が少しずつ活発化していくような,よくある噴火で何が起こるか目撃しようとしていました.火山弾は噴火口から200メートル以内のところに落下して,地質学者たちとの間には距離がありました.突然その距離が2キロメートル以上になりました.巨大な岩の塊が地質学者たちの頭上を音を立てて飛び越えていき,彼らの周囲に次々と落下しました.統計的には,火山弾の直撃を受ける確率は高くありませんが,ジョン・ミュレイは,そのときは生きた心地はしなかったといいます.

　ジョン・ミュレイと彼の同僚たちは何年にもわたってエトナ火山を監視していて,切迫した噴火の兆候を探し出そうとしています.彼らは,地下からマグマが上昇してくることによる山体のわずかな膨張をとらえるため,測量技術やGPS測定を使用しています.彼らは,亀裂が拡大するときに生じ

る地震をモニターしています．重力探査では，重いマグマの上昇をとらえることができます．測量技師たちは噴火に伴って沈下する山麓のモニターも行っています．とりわけ，彼らはカタニアの市街地に面した傾斜のきつい南東斜面に関心を寄せています．1980年代初期に，この斜面で1年に1.4メートルもの沈降がありました．斜面崩壊が起こって，セントヘレンズ火山の噴火のように，マグマの圧力が下がって山腹噴火が起きるのではないかということで恐れられました．こうした噴火は紀元前1500年前にもあったようで，古代ギリシア人たちはシチリア島東部を見捨てざるをえませんでした．

典型的な場合には，噴火は山頂のカルデラで始まります．初期の火山ガスが放出されると，マグマは山体の斜面にできた割れ目から流れ出します．割れ目噴火は村の近くで発生することもあり危険です．新たに地面を掘削したり，盛り土をして土手を作ったりして，溶岩流の流路を変える試みや，発破をかけたり，ホースで水をかけてマグマを冷やして流れを止める試みも何回か行われました．1983年には，地質学者たちが滞在していたサビエンザ・ホテルの手前で溶岩流が止まりました．火山を飼いならそうという人間の試みは，山のもつ力に比べたら，とるに足らないものです．

火山と人々

火山灰層と，でこぼこした溶岩流は短期間のうちに砕けて，肥沃な土壌になります．短い年月の記憶しかもたない人々は，火山の周辺に集まってきて，農場や村，都市がつく

おもな火山

火山名, 国名	標高(m)	おもな噴火年	最新の活動
ベズイミアニ, ロシア	2,800	1955〜6	1984
エルチチョン, メキシコ	1,349	1982	1982
エレバス, 南極	4,023	1947, 1972	1986
エトナ, イタリア	3,236	ひんぱんに噴火	2002
富士山, 日本	3,776	1707	1707
ガルングン, インドネシア	2,180	1822, 1918	1982
ヘクラ, アイスランド	1,491	1693, 1845, 1947〜8, 1970	1981
ヘルガフェットル, アイスランド	215	1973	1973
カトマイ, アラスカ(米)	2,298	1912, 1920, 1921	1931
キラウエア, ハワイ(米)	1,247	ひんぱんに噴火	1991
クリュチェフスコイ, ロシア	4,850	1700〜1966, 1984	1985
クラカタウ島, インドネシア	818	ひんぱんに噴火, 特に1883	1980
スーフリエール, セントビンセント島	1,232	1718, 1812, 1902, 1971〜2	1979
ラッセンピーク, 米国	3,186	1914〜15	1921
マウナロア, ハワイ(米)	4,172	ひんぱんに噴火	1984
マヨン, フィリピン	2,462	1616, 1766, 1814, 1897, 1914	2001
スーフリエール・ヒルズ, モントセラト(英)	915	1995年以降休止	1995〜8
ニアムラギラ, コンゴ	3,056	1921〜38, 1971, 1980	1984
パリクティン, メキシコ	3,188	1943〜52	1952
モンプレー, マルチニーク島(仏)	1,397	1902, 1929〜32	1932
ピナツボ, フィリピン	1,462	1391, 1991	1991
ポポカテペトル, メキシコ	5,483	1920	1943
レニア, 米国	4,392	紀元前1世紀, 1820	1882
ルアペフ, ニュージーランド	2,796	1945, 1953, 1969, 1975	1986
セントヘレンズ, 米国	2,549	ひんぱんに噴火, 特に1980	1987
サントリニ諸島, ギリシャ	1,315	ひんぱんに噴火, 特に紀元前1470	1950
ストロンボリ島, イタリア	931	ひんぱんに噴火	2002
スルツェイ島, アイスランド	174	1963〜7	1967
雲仙, 日本	1,360	1360, 1791	1991
ベスビオ, イタリア	1,289	ひんぱんに噴火, 特に79	1944

られていきます．火山を監視することは可能ですし，マグマが上昇してきて噴火が迫っていることを警告することも可能です．しかし，それでもときには，人々を避難するように説

得することは困難です．ベスビオ火山の麓にあるナポリ湾のように人口密集地もあり，短時間に人々を避難させることは実際的ではなく，不可能かもしれません．南アメリカにある多くの火山のように，よく知られていない火山では，噴火の影響評価に関する研究はまったくなされていないのです．

　ゆっくり移動している溶岩流や，より致死的な火砕流だけが，危険であるというわけではありません．火口から火山灰と水蒸気からなる噴煙が立ち昇り，大雨を降らせることがあり，火山体に降り積もっていた雪が解けることも重なって，火山泥流（ラハール）とよばれる火山性の泥流が発生することもあります．1985年にコロンビアのネバド・デル・ルイス火山の山腹で発生した火山泥流によって，2万2000人の人々が犠牲になりました．火山の脅威には目に見えないものもあります．カメルーンのニオス湖では，火山性の炭酸ガスが湖水の深層に蓄積されました．1986年の寒い夜，湖水表面に密度の大きな冷たい水塊が出現し，突然深層へと沈み込んで，ガスに富んだ深層水が表面に湧き上がってきて，噴出しました．まるでソーダ水のビンをよく振って栓を抜くようなものでした．突然ガスが放出され，それは空気より重かったため村へ流れ込んで，寝ている1700人もの人々を窒息死させました．

　火山の威力は抑えがたいものです．しかし，思慮深い計画や注意深い監視によって，比較的安全に暮らす知恵を学ぶことができるのです．

第7章

大地が揺れるとき

© David Mann

　大洋を全速力で航行している巨大なタンカーは運動量をもっています．それが停止するまでには何キロメートルも先へ進んでしまいます．大陸全体も何があろうと止まることはありません．私たちは5500万年にわたるインドとアジアのゆっくりした衝突をすでに見てきました．ほかのプレートも相対運動を続けています．プレートがこすれ合っているところでは，地震が発生しています．巨大地震の震源を示した地図からは，火山よりもはっきりプレートの境界がどこなのかが

わかります(図20).

 GPS測定によって,1年に数センチメートルといった速度で,プレートがどのように横滑りしているのかが明らかにされています.しかし,プレート境界に近づくと,その運動が滑らかではないことがわかります.ある場所では,その動きは連続的で,大きな地震を伴うことはありません.そこでは岩石は滑りやすいか柔らかくなっており,クリープとよばれるメカニズムで動いているのです.しかし,多くのプレート境界はスタック(固着)しています.大陸は移動を続けていて,歪みが蓄積されており,岩石がそれをもちこたえることができなくなったとき,突然破壊されて,地震が発生するのです.

 地震のなかには,マントル中に海洋地殻が沈み込むことで,非常に深い場所で発生するものがあります.しかし,ほとんどの地震は深さ15から20キロメートルのところで起こっており,こうした深さでは地殻は高温ですが脆性的な(もろい)性質をもっています.岩石は地表を走る断層線とよばれるところで破壊され,地震波を発生させます.地震波は,断層に沿った地下の震源から放射されます.震源の上の地表の地点は震央といいます.

地震の大きさ

 地震の大きさの尺度には,リヒタースケール(マグニチュード)とメルカリスケール(震度)があります.リヒタース

図20 過去30年間における世界の地殻地震の分布図(マグニチュード5以上).ほとんどがプレート境界に集中しているが,大陸内部でも地震は起こっている.

ケールは，地震波の波動のエネルギーに関する尺度ですが，メルカリスケールは被害の大きさに対する尺度です．リヒタースケールは対数尺度になっていて，1から10までの目盛りが使われていて，マグニチュードという単位で表されます．この尺度には，地震が活発な地域では，毎日のように頻繁に発生している無感地震から，記録されている巨大地震に至るすべての地震が当てはめられています．今日までに起こった最大の地震は，1960年のチリの沿岸で起こった地震であり，このスケールで表したマグニチュードは9.5です．マグニチュードが1違うと，地震のエネルギーの違いは30倍になります．例えば，マグニチュード7の地震は，マグニチュード6の地震よりもずっと破壊的になっています．皮肉にも，この地震の尺度に対して名前が与えられた，カリフォルニアの地震学者のチャールズ・リヒターは1985年に没していますが，1994年のロサンゼルスの近くで発生したマグニチュード6.6のノースリッジ地震による火災で，彼の個人的な記録は焼失してしまいました．

世界で最も有名な割れ目

カリフォルニアでは，地震は日常茶飯事です．巨大な太平洋プレートが運動を続けていますが，それはアメリカ大陸の下へ潜り込むのではなく，トランスフォーム断層とよばれる断層のところで，こすれ合うような運動をとっています．その接合部は直線的ではなく，主断層の屈曲部（キンク）では，多くの平行な断層群や交差する断層，割れ目を派生させています（図21）．それらの多くは微小地震を多発させてい

ますが、それらのどれもが巨大地震を発生させる可能性があります。そのなかで最も有名な断層が、実質的にプレート境界断層になっているサンアンドレアス断層です。この断層はカリフォルニア南部から、カーブしてロサンゼルスの内陸へと伸び、北西に直線的に走ってサンフランシスコへと至り、海の中へと続いています。この断層は、1906年に活動して

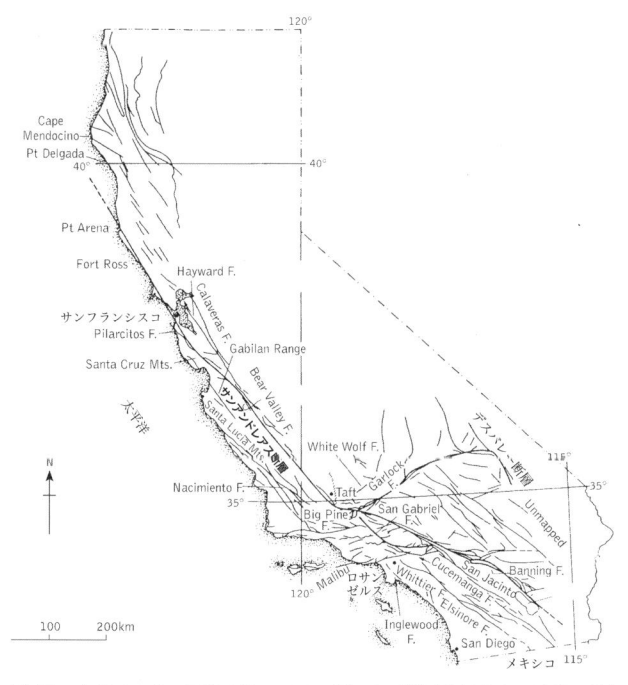

図21 カリフォルニア州のサン・アンドレアス断層系が1本の地殻の割れ目ではないことを示す地図。この地図でも多数の断層系は簡略化されて示されている。

第7章 大地が揺れるとき

大きな被害を出しました．このときに，サンフランシスコは大きな地震動に見舞われ，恐ろしい火災が発生して，木造の家屋が焼き尽くされました．

　ロサンゼルスとサンフランシスコの間には，乾燥した大地が続いており，むき出し状態の丘の上をたどって，この断層を追跡していくことができます．時々，断層のところで地面の傾斜が変化しています．また，別のところでは，地図をナイフで切ったように，地形が切断されています．そうした切断は直線的に160キロメートルも続いています．私はロサンゼルスとサンフランシスコの間にあるでこぼこの農道に沿って，それを追跡したことがあります．断層の東側は，テンブロー山脈の浸食された低い丘陵が広がっていましたが，西側はゆるく傾斜した乾燥したカリゾ平原が広がっており，サン・ルイス・オビスポのほうへ太平洋まで続いていました．丘陵には干上がった河川がたくさんあり，丘陵のほうからやってきた堆積物で埋められていました．そうした堆積物は斜面の末端にまでくると，奇妙なことになっていました．そのまままっすぐ西へ向かって河川が流れていったのではなく，突然右へと90度も向きを変え，丘の麓に沿って何十メートルも北へと流れた後，再び左へと流れの向きを変えて，海へと向かって流れていったのです．そうした河川地形の一つである，ウォレス・クリークは，アメリカ地質調査所のロバート・ウォレスにちなんで名づけられたものですが，柔らかい丘側の大地を深く削り込んでいました．この断層を横切るところでは，130メートルも食い違いができていました．当初

は，この河川はまっすぐ西へ向かって斜面を流れ下っていたのでしょう．一連の地震によって，西側の平原は北へと移動し，河川堆積物を載せた河床を一緒に連れていったのです．冬季に洪水が発生しますが，高い土手を切り開いて新しい流路をつくるようなことはありませんでした．河川は古い河床に行き当たるまで，断層に沿って流れていったのです．こうした動きは一度に生じたものではありません．掘削調査と，放射性炭素を用いた年代測定で，ロバート・ウォレスと彼の同僚たちは，発達の段階を明らかにしました．歴史時代における唯一の記録によると，1857年の地震によって大地が9.5メートル食い違っていました．それより前の先史時代のイベントでは，大地の横ずれ量は12.5メートルと11メートルでした．平均すると，サンアンドレアス断層は，過去1万3000年にわたって，1年に34ミリメートルの速度で横ずれしていました．もしこうした横ずれ運動が2000万年間にわたって継続したとすると，いまはずっと南にあるロサンゼルスがサンフランシスコのある北方まで達するでしょう．しかし，そうした移動は滑らかではなく，大きな地震を伴ったことをカリフォルニアの人々は，被害地震を経験して知っています．

大地の動きを測る

　大陸の動きを数メートルとか数センチメートルの精度で測定することはほとんどまったく不可能なように思われました．しかしいまでは，比較的容易になっています．カリフォルニアや日本の断層帯では，観測装置が密に設置されていま

す.とりわけ,GPSの受信機は,地球表面における位置を連続的に記録しています.もしそうした計測機器が自動監視ネットワークに接続されていれば,専門家は即座にどこで地震が発生したのか,その規模はどれくらいかを知ることができます.後で述べるように,それらは警報を発する上でも役に立っています.宇宙からの観測によって,何が起こっているのか正確にイメージすることができるようになっています.合成開口レーダ(SAR)を備えたリモートセンシング衛星は,大地の形状を非常に精度よく記録することができ,地震の前後に撮影された2枚の画像を解析することで,前後にどのような変化があったのかを明らかにしています(図22).SAR衛星の画像には干渉パターンが示されていて,どの断層が動いたのか,またその動きを正確に示しているのです.

プレート内地震

大陸を乗せた見かけ上剛体的なプレートも応力や歪みを受けていて,ときに地震を発生させることがあります.歴史が短いアメリカ合衆国における最大の地震はカリフォルニアで起こっているのではなく,アメリカ東部で発生しているのです.1811年に,セントルイスの近くのニューマドリッドという開拓者の町で,リヒタースケールでマグニチュード8.5に達する巨大な地震が3回発生しました.この地震による地面の揺れは大きく,ボストンにあった教会の鐘が鳴ったり,当時,広大なミシシッピ平原に近代的な都市ができていたのですが,そこが破壊的な被害を受けました.この地震が,ミシシッピ川の堆積物の重みで大地が沈んで発生したものなの

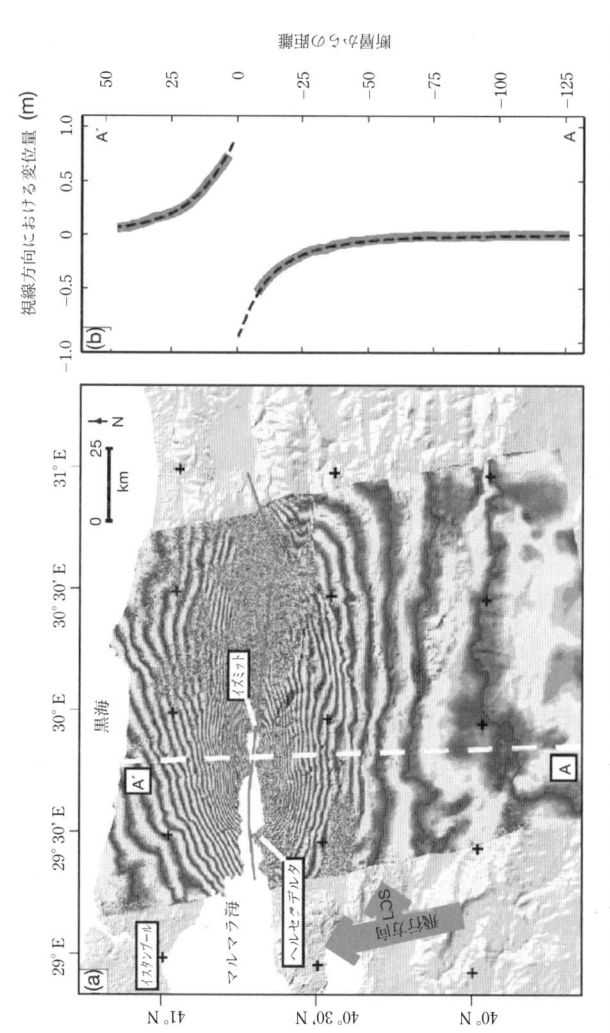

図22 1999年のトルコのイズミット地震の発生前後の観測データを元につくられた人工衛星レーダー干渉地図。地殻変動の大きさと分布が示されている。

か，それともミシシッピ川が，大地が引き裂かれようとしている断層に沿って流れるようになったのか，誰も確かなことはいえません．アパラチア山脈の反対側で大西洋が閉じようとする以前に，この線上で新しい海洋底が拡大しようとしていた可能性があります．おそらく，そこで再び海洋底拡大が始まろうとしているのでしょう．その理由がなんであれ，再びニューマドリッド地震のようなものが発生すれば，これまでに経験したことがないような被害がもたらされるでしょう．

深発地震の謎

地震の発生した深さをプロットすると，太平洋プレートが潜り込んでいる南アメリカのアンデス山脈のような沈み込み帯では，沈み込んだ海洋リソスフェアを追跡することができます．最初の200キロメートルの部分は，地表付近と同様，岩石は冷たく脆性的なので，破壊して地震波を発生させることができます．しかし，地震のなかには，震源がもっとずっと深いものもあり，深さ600キロメートルにも達しています．そうした深さでは熱と圧力のために，岩石は柔らかく延性的な性質を示すので，破壊されるというよりは変形を受けるでしょう．深発地震のメカニズムに対する一つの説明は，海洋リソスフェアを構成しているかんらん石の結晶構造が，密度の大きいスピネル型の結晶構造に変化する相転移がスラブ全体で起こるというものです．この理論に対する反論は，こうした過程は一度きりの出来事のはずですが，実際には地震は同じ場所でくり返し発生しているというものです．しか

し，かんらん石の相転移がスラブのなかで，次々と段階的に起こっているのかもしれません．

避けられない出来事を待ち受ける

2001年1月に，インド北部のグジュラートでは，ブジという町を中心に，破壊的な地震に見舞われました．これはインドとアジアの大陸間の衝突に関する長い伝説の一部でした．インドとチベットの間の相対運動は1世紀に2メートルにまで加速しています．20世紀になって，ヒマラヤ山脈では，大きな地震が多発していますが，大きな歪みを蓄積している地域はまだまだあります．2メートルもの断層すべりは，潜在的にマグニチュード7.8の地震を発生させます．しかし，衝上帯の場所によっては，インドがヒマラヤ山脈を下から押していて，蓄積されている歪みがその2倍にもなっています．事実，500年間に一度も大きな地震が発生していない場所があります．そういう場所で大きな地震が起きれば，まさに破壊的な被害が生じるでしょう．前世紀の間に，建築基準は大きく見直されましたが，ブジにおける証拠は，いかなる人口の地域においても，100年前とほぼ同じくらいの割合で，人々が犠牲になることを示唆しています．この期間の間に，危険にさらされている人々の数は10倍以上増えているのです．もし1905年のカングラ地震がいま起こったら，被害者が20万人に達することは間違いないでしょう．ガンジス平原における大きな都市が地震に見舞われたならば，被害者の数は一桁以上にも膨れ上がるでしょう．もう一つの人口密集地である東京では，1923年以来大きな地震に見舞わ

れていません．今日，そこで大地震が発生したなら，建築基準が大幅に見直された今日でも，その被害額は7兆ドルになると推定されており，世界経済の崩壊をもたらすに違いありません（図23）．

地震に対する設計

　人々の命を奪うのは地震ではなくて建物だとよくいわれます．確かに，地震による犠牲者の多くは，倒壊した家屋の下敷きになったり，その後の火災によるものです．地震によって建築物が倒壊するかどうかはいろいろな要因が影響しています．明らかに地震動の激しさは重要ですが，どれくらい長い時間揺れが続くかも一つの要因です．次に，建物の設計があります．小規模の構造物では，曲がったりたわんだりする材質のほうが，硬くて脆い材質よりよいでしょう．樹木が風によって揺さぶられるように，木造建築では倒壊することなく，大きく揺れるだけで済みます．重量のない建物では倒壊しても人々の命を奪うようなことは少ないでしょう．しかし，日本の伝統的な家屋のように，板や紙で仕切った家屋は，火災によって被害を受けやすいです．地震に対していちばんよくない建物は，レンガや石で造ったものや，骨組みのよくないコンクリート製の建物です．こうした建築物は，貧しくて地震の被害に見舞われる国々で多く見られます．1988年のアルメニアのスピタクで起こった地震と，1989年にサンフランシスコの近くで起こったロマ・プリータ地震は，いずれもマグニチュードが7でしたが，前者では10万人が犠牲になりましたが，後者ではたったの62人が命を落とした

図 23 近年, 都市を襲った地震による高速道路の高架部における大惨事. © S pa Press/amanaimages

だけでした．こうした違いは，おもにカリフォルニアにおいては建築基準法が厳しいということによります．高層ビルは強い強度があり，地震波の周波数で共鳴して大きく揺れることはありません．それらの多くには，基礎の部分にゴムのブロックが敷かれていて，振動を吸収するようにできています．日本では，いくつかの高層建築の屋根に重い錘が取り付けられていて，地震による揺れを打ち消すように動くようにつくられています．

大地が液状化するとき

　湿った砂浜で足を上下して地面をくり返し叩くと，砂から水が染み出してきて，足が沈んでしまうような経験をしたことがあるのではないでしょうか．これは砂の液状化という現象です．地震によって湿った堆積物が揺すられたときに，同様の現象が起こります．1985年のメキシコ・シティ地震の震央は，400キロメートルも離れていましたが，市街地のビルの多くが被害に遭いました．それらは古い湖を埋め立てたところに建築されました．地震波が泥の層のなかで共鳴して3分間にわたって揺れが続くと，液状化が起こり，ビルを支えることができなくなりました．しかし，ビルの基礎を深くすれば，地面が液状化しても，支えを失うことはありませんでした．1906年と1989年のサンフランシスコの近くで起こった地震では，最も被害の大きかったビルは，マリーナ地区に集中しており，埋立地に建てられたものばかりでした．

火　災

　地震が都市を襲ったときに，最大の危険の一つが火災です．1906年のサンフランシスコ地震のときも，1923年の関東地震のときも，地震によって直接命を落とした人よりも火災で犠牲になった人のほうが大勢でした．火災は台所のストーブがひっくり返ったりすることで発生し，倒壊した木造建築に燃え広がり，壊れたガスパイプから燃料を供給されるなどして拡大していきます．サンフランシスコでは，消防は機能を失い，消防車は車庫に入ったまま動けなかったり，道路が寸断されていて身動きが取れなかったのです．さらに，都市に水を供給する吸水管が壊れてしまっていたのです．今日では，サンフランシスコのような地震に見舞われやすい都市では，スマート・パイプとよばれている新たなシステムが導入されていて，破損して圧力が下がった水道やガスのパイプの部分を迅速かつ自動的に遮断できるようになっています．

人命救助

　地震が発生したときに安全な場所は，開けた平坦な田園地帯です．最もよくないことは，パニックに陥ることです．都市では，階段のような強い構造の場所を選んで室内に留まっているほうが，ガラスやレンガが落下してくる表に出るよりは安全です．日本やカリフォルニアの子どもたちは，自分たちを守る方法について定期的に訓練を受けています．しかし，実際に地震が起こった場合，多くの人々は自分たちがいる場所で凍りついたように動けなくなっているか，パニックを起こして外へ飛び出します．もし人々が倒壊した建物のな

かに閉じ込められたら，そうした人々を捜索するために，熱画像カメラや補聴機器が動員されます．いかなる災害にも，奇跡的な救出や悲劇の物語があります．

偶然とカオス

ある意味では，地震を確実に予知することができます．サンフランシスコ，東京，メキシコ・シティといった都市では，必ず次の地震が起こるでしょう．しかし，こうした知識はそこに住んでいる人々にとっては何の役にも立ちません．彼らは，そうした地震がいつやってくるのか，どれくらい大きな地震なのかを知りたいのです．しかし，そうした疑問に地震学者たちは答えることができないのです．天気のように，地球は複雑系でできていて，小さな原因が大きな結果をもたらすのです．仮にアマゾンで蝶が舞い立つと，翅をばたばたさせる動きが引き金になって，ヨーロッパの天気に影響が及ぶわけです（バタフライ効果）．断層につっかかっている1個の小石が原因となって，巨大地震の発生をもたらすかもしれません．地震を正確に予知することは不可能かもしれませんが，確率を用いて予測する方法は改良を加えられていて，地震が起る時期が近づくにつれて，予測の精度は高くなっていきます．

慣例的な兆候

科学的な計測装置が開発される以前には，差し迫っている地震に対する初期の前兆が探し続けられてきました．中国の人々は，地震の前兆となる動物の異常行動，井戸水の水位や

含まれるガス成分の変化などのさまざまな兆候に気づくのに熟達していました．こうした兆候を元に，1975年に地震に先立つ数時間前に，海城市の人々が避難を命じられました．その結果，何十万人もの命が救われました．しかし，1年後に唐山地震が発生し，24万人にのぼる人命が失われました．このときは警告は出されなかったのです．このほかの手がかりについては，ピエゾ電気をもつガスライターをこすると火花が飛ぶように，岩石が破砕されるときに生じると考えられる，かすかな閃光や電位変化があります．どうして動物たちが大地震を事前に認知できるのかについても真剣に研究されています．例えば，日本では，電気的な擾乱に対してナマズがどのように振る舞うのかに関する研究がなされています．しかし，ナマズの異常行動とはいったいどのようなものなのでしょうか．どれくらの数の主婦がそれをモニターできるのでしょうか．大きな地震に先行して，非常に低い電磁波が放射されるといういくつかの証拠があります．しかし，最もすぐれた兆候は，地下を通過する地震波のパターン変化をとらえることです．

賭けをする

　大きな地震はたいてい前震を伴っています．問題は，小さい地震が発生したとき，それが個別の地震なのか，大きな地震に先行するものかを見極めることが困難なことです．しかし，予測精度を高めることはできます．歴史記録によれば，大きな地震は約100年ぐらいでくり返しています．しかし，それは3万6500日のなかで明日地震が発生する確率と同じ

ようなことです．1年に10個の小さい地震が発生するとして，それらのどれも大きな地震の前震になるかもしれません．したがって，微小地震の検出ができれば，次の24時間に発生する地震の確率を1000回に1回の確率にまで高められます．すべての断層がどこにあるのかを理解し，それらがいつ破壊したかを知って，観測装置を正しい場所に設置したとして，予測の精度は20回に1回ぐらいに増加するでしょう．しかし，それでも95％の確率で明日に地震は起こらないでしょうというのと同じです．ラジオで報道したり，都市から人々を避難させるのはあまりにも確率が低すぎます．しかし，非常時のサービスに対し注意を促したり，危険な化学物質の輸送をストップさせるには十分でしょう．

リアルタイムの警報

地震予知は進歩していますが，いつも困難がつきまとっています．しかし地震が波生したときに，確実にそれを検出することができます．これは初期警報システムとよばれているものになっています．これは1989年に発生したロマ・プリータ地震のあとに，カリフォルニアで検証されました．ニミッツ高速道路の高架部分の一部が崩壊し，救助隊はその下敷きになったドライバーを救出しようとしました．巨大なコンクリートの板が不安定になっていて，余震によって崩壊するかもしれませんでした．地震の震源は100キロメートルも離れていました．断層上に置かれたセンサーが電波による警報を光のスピードで送信し，救助隊には音速のスピードでやってくる地震波よりも25秒も前に情報が届きました．人々は

地震波が来る前に避難することができたのです．将来的には，こうしたシステムが実用化され，地震の揺れがやってくることを知らせる簡単な警報を提供するようになるでしょう．例えば，ロサンゼルスの背後にある主断層からの地震波は，都市に到達するまでに１分かかります．電波による警報は，避難には十分な時間を与えませんが，コンピュータシステムと結合することで，銀行が預金を保護したり，エレベータを停止させてドアを開放状態にしたり，パイプラインのバルブを自動的に閉めたり，緊急自動車がビルから離れたりすることを助けるでしょう．

エピローグ

　すばらしい惑星地球に関する入門書としての本書は，ほんとうに短いものです．私は，足元や頭上で作用している重要なプロセスのいくつかについて，概要を述べようと努力してきました．それらのプロセスがどのように地上で相互作用して，私たちが認知し，慣れ親しんでいる世界がどのように成り立っているのかを示したいと考えてきました．こうした過程が，陸地の景観や岩石や生き物の多様性を育んできました．しかし，私たちの惑星に見られる岩石をつくり上げている美しい結晶や鉱物について取り上げようとは試みませんでした．これらの岩石が，地殻変動や造山運動，火成活動などのテクトニックな作用によって，もみくちゃにされたり，風雨や雪氷による侵食で削られたりして，息を呑むような美しい景観が形成されていく過程についても，詳しく検討しませんでした．岩石が粉々にされたものが堆積物として溜まったり，それらが食物連鎖を支える肥沃な土壌になっていく過程についても扱いませんでした．私たちの惑星における最もすばらしい生成物である生命について，物理的な要因が，化学や自然選択といった過程と一緒にはたらいて，生き物で満ち

溢れた惑星をどのようにつくり上げてきたのかについても触れませんでした．しかし，これらのすべての事象についても，詳細に紹介するに値するものです．

　私たちの惑星は非常に特別なものです．地球物理学的な過程や生命の間の類まれな結びつきなくして，私たちが少なくとも知っているような現実の世界が，偶然の結果として，生み出されるようなことはなかったでしょう．私はすべての事象が相互に深く依存し合っていることを示そうとしてきました．水がなければ，岩石は流動性を示すことはないでしょうし，花崗岩も生成されないでしょう．さらに，大陸地殻を構成する巨大な大地もできなかったでしょう．水がなければ，雲もなく，雨は降らず，吹きさらしの砂漠化した大地には生命の可能性はほとんどないでしょう．液体の水がなければ，生命がつかさどっている化学反応は機能しませんし，私たちが知っている生命は地球上で存在することすらできないでしょう．生命が存在しなければ，大気組成に関するフィードバックはなく，生命が生存可能な気候状態は維持されなかったでしょう．生命が存在しなければ，地球はスノーボール・アースのようになるか，超加熱状態の温室のようになっていたのです．

　数十億年にわたる地球の歴史のほとんどの時代にわたって，物事は生命にとって都合がよいものでしたが，私たちはいまでも地球のなすがままに生きています．火山や地震を引き起こすテクトニックな力に比べたら，洪水，旱魃や嵐を引

き起こす大気の力はとるに足らないものです．それらはいずれも何百万人もの生命や生活を破壊します．それにもかかわらず，私たちは生き延びてきました．地球の歴史の大部分において，地表をアリのように歩きまわっていて，より大きな世界の存在に気づきませんでした．しかし，そうだとしても，いまでは人間は，自分たち自身が地球環境を変える強い力を手にするようになりました．都市化，農耕，土木工学と汚染によって，私たちは陸地のかなりの部分を変えました．これには大きな代償を払いました．白亜紀やペルム紀末には，生物大量絶滅が起きていますが，今日における動植物の絶滅はそうした事件をしのぐものになるかもしれません．大気組成 —— その結果としての気候 —— は，最終氷期以降，あるいはもっと長い期間にわたる気候の変化に比べても，より速いスピードで変化しているように見えます．

　私たちはもはやこの惑星の犠牲者ではありません．私たちは地球の管理者なのです．土地の乱開発や，汚染に対する無理解は，自分で自分を蝕んでいるといってよいでしょう．私たちは，危険を承知でそうしているのです．すべての人がこのかけがえのない地球上で生きています．ですから私たちは，地球の世話をしなくてはならず，地球に対して責任をもつべきです．その一方で，新しい住処となる天体を探す研究を進歩させ，そこへたどりつくための技術開発をする必要があります．

　私たちが何をしようとも，私たちの世界は永遠に続くもの

ではありません．小惑星や彗星が衝突して世界が終末を迎えるといったことは，いつ何時でも起きても不思議ではありません．近くにある恒星の大爆発でもたらされた放射線によって串刺しにされることだってまったくあり得ない話ではありません．同様の結末をもたらす核戦争を私たち自身がすぐにでも始めるかもしれないのです．究極的には，約50億年後に，太陽は中心部にあった水素の燃料を使い果たし，膨張して赤色巨星へと進化するでしょう．最新の推定によると，白熱したガスは地球軌道にまではやってこないようですが，水星や金星は飲み込まれてしまいます．しかし，膨張した太陽は私たちの美しい世界を焼き焦がして，焼け野原にし，海や大気を吹き飛ばして，生命が住めない世界にしてしまうでしょう．しかし，50億年という年月は惑星にとっても十分長い時間です．すべての生物種は絶滅しているように，人類という生物種も統計的に見ると，50億年はおろか，500万年も生存し続けることはあり得ません．おそらく新たな生物種が出現して，地球の優占種となるでしょう．私たち自身が進化するかもしれませんし，私たちの体をいまの姿と異なるように技術的に改良するかもしれません．おそらく，私たちの子孫は，やがて不死身の機械に記憶と意識を埋め込む方法を見つけ出すでしょう．いずれにしても，私は楽観主義者であり，将来の惑星科学者たちが，新しい天体を探査して人類はそこに移住し，その星と地球というダイナミックな惑星とを比較研究するのではないかと想像しています．

参考文献

T. H. van Andel, "New Views on an Old Planet", Cambridge University Press, 1994（邦訳：卯田強 訳，『さまよえる大陸と海の系譜―これからの地球観』，築地書館，1991 年）.
　※　プレートテクトニクスとダイナミックな地球を概観するのに適している

P. Cattermole and P. Moore, "The Story of the Earth", Cambridge University Press, 1985.
　※　地球を天文学的な視点で論じている

P. Cloud, "Oasis in Space", W. W. Norton, 1988.
　※　地球の形成から現在までの歴史を扱っている

G. B. Dalrymple, "The Age of the Earth", Stanford University Press, 1991.

S. Drury, "Stepping Stones", Oxford University Press, 1999.
　※　生命を育んだ地球の成り立ちを紹介している

I. G. Gass, P. J. Smith, and R. C. L. Wilson, "Understanding the Earth", Artemis/Open University Press, 1970 and subsequent editions（邦訳：竹内均 訳，『地球の探究―現代地球科学入門 1, 2』，みすず書房，1975 年）.
　※　オープン大学の入門的な教科書

A. Hallam, "A Revolution in the Earth Sciences", Clarendon Press, 1973（邦訳：浅田敏 訳，『移動する大陸―地球生成の謎を解く』，講談社，1974 年）.

P. L. Hancock, B. J. Skinner, and D. L. Dineley, "The Oxford Companion to the Earth", Oxford University Press, 2000.
　※　数百人もの専門家が執筆した百科事典的な本

S. Lamb and D. Sington, "Earth Story", BBC, 1998.
　※　テレビ番組に基づいて書かれた地球の歴史に関する読みやすい本

M. Levy and M. Salvadori, "Why the Earth Quakes", W. W. Norton, 1995（邦訳：望月重 訳，『大地が揺れる理由　地震と火山―その真相にせまる』，建築技術，1996 年）.
　※　地震や火山の物語

W. McGuire, "A Guide to the End of the World", Oxford University Press, 2002.
　※　地球を襲う破局的な出来事を網羅的に扱った本．実際に起こったものだけでなく，起こる可能性のあるものも扱っている

H. W. Menard, "Ocean of Truth", Princeton University Press, 1995.
　※　プレートテクトニクスの成立に関する著者の体験に基づく歴史

R. Muir-Wood, "The Dark Side of the Earth", George Allen and Unwin, 1985.
　※　地質学を地球科学に変換した科学者の物語

M. Redfern, "The Kingfisher Book of Planet Earth", Kingfisher, 1999.
　※　若者を対象に書かれた豪華な入門書

D. Steel, "Target Earth", Time Life Books, 2000.
　※　地球の歴史を変え，地球の将来を脅かす宇宙からの衝撃が及ぼす影響

E. J. Tarbuck and F. K. Lutgens, "Earth Sciences, 8th edn", Prentice Hall, 1997.
　※　古典的な教科書の一つ

S.Winchester, "The Map that Changed the World", Viking, 2001（邦訳：野中邦子 訳,『世界を変えた地図―ウィリアム・スミスと地質学の誕生』, 早川書房, 2004 年）.
　※　1815 年に世界最初の地質図を作ったウィリアム・スミスの物語

E. Zebrowski, "The Last Days of St Pierre", Rutgers University Press, 2002.
　※　マルチニーク島サンピエールの火山噴火による破壊に関して，地質学的，人的要因から歴史的に扱った魅力的な本

遠田晋次 著,『連鎖する大地震』, 岩波書店, 2013 年
須藤斎 著,『海底ごりごり地球史発掘』, PHP 研究所, 2011 年
ガブリエル・ウォーカー 著, 川上紳一 監修, 渡会圭子 訳,『スノーボール・アース―生命大進化をもたらした全地球凍結』, ハヤカワノンフィクション文庫, 2011 年
巽好幸 著,『地球の中心で何が起こっているのか―地殻変動のダイナミズムと謎』, 幻冬舎, 2011 年
川上紳一, 東條文治 著,『図解入門 最新地球史がよくわかる本―「生命の星」誕生から未来まで [第 2 版]』, 秀和システム, 2009 年
竹村真一 著,『地球の目線―環境文明の日本ビジョン』, PHP 研究所, 2008 年
テッド・ニールド 著, 松浦俊輔 訳,『超大陸―100 億年の地球史』, 青土社, 2008 年
鎌田浩毅 著,『火山噴火―予知と減災を考える』, 岩波書店, 2007 年
上田誠也 著,『地球・海と大陸のダイナミズム』, 日本放送出版協会, 1998 年
丸山茂徳, 磯崎行雄 著,『生命と地球の歴史』, 岩波書店, 1998 年
石橋克彦 著,『大地動乱の時代―地震学者は警告する』, 岩波書店, 1994 年
平朝彦 著,『日本列島の誕生』, 岩波書店, 1990 年

謝　辞

　本書の出版にあたり，以下の方々に感謝の意を表します．アーリーン・ジュディス・クロツコ氏には執筆の機会をいただいたが，彼女の存在なくして本書の執筆はありえなかったでしょう．シェリー・コックス氏は，本書の執筆を始めた頃，非常に興味を示していただいた．エマ・シモンズ氏は，忍耐強く編集にかかわっていただいた．デイヴィッド・マン氏には挿絵を描いていただいた．ポーリン・ニューマン氏とポール・デービス氏には，有益なコメントをいただいた．マリアンとエドムンド・レッドファーン氏のおかげで，本書を書き上げるまで，熱中することができた．また，原稿も読んでいただいた．ロビン・レッドファーン氏には一生懸命はたらいていただいた．匿名の読者の方々には誤りを指摘していただいた．非常にたくさんの地質学者の方々とは，彼らの時間と熱意を共有している．

索　引

あ 行
アア溶岩　150
アセノスフェア　24, 130, 146
アッシャー大司教　34
アトランティス　158
アノキシア　92
アマゾン川　86
天の川銀河　9
アルバレズ, ウォルター　41
アルバレズ, ルイス　41
安山岩　152
イアペタス海　110
異方性　77
ヴァイン, フレッド　99, 114
ヴァン・アレン, ジェームズ　11
ウィルソンサイクル　123
ウィルソン, ツゾー　114, 116
ウェゲナー, アルフレッド　3, 113
ウォズレアイト　59
ウォレス, ロバート　172
液状化　180
SHRIMP　139
S波　55
塩基性マグマ　161
エンスタタイト　63
オゾン　8, 9, 13
オゾン層　13
オゾンホール　13
オフィオライト　109
オブダクション　109
オーロラ　12

か 行
ガイア　22
海進　89
海水準　88
海退　89
カイパーベルト天体　48
海洋酸素欠乏事変　92
海洋リソスフェア　125
花崗岩　5
火砕流　156
火山岩　150
火山弾　150
火山泥流　165
火山灰　149
ガスハイドレート　94
火成岩　5
軽石　150
環太平洋火山帯　106, 151
貫入岩　133
かんらん岩　59
気候　15

気候変動　20
軌道　15
級化　88
ギョー　86
極移動曲線　119
キンバーライト　64
クラトン　133
グランド・キャニオン　38
クリープ　54, 168
グリーンストーンベルト　139
グローマー・チャレンジャー号　90
クロロフルオロカーボン　13
K/Pg 境界　41
頁岩　5
ケルビン卿　34
玄武岩　5, 42, 53, 101
高感度高解像度イオンマイクロプローブ　139
合成開口レーダー　174
国際海洋掘削計画　90
黒曜石　150
コックス，ケイス　126
コリオリの効果　17

さ 行

サブダクション　106
サンアンドレアス断層　171
酸性マグマ　161
CFC　13
磁気圏　10
磁気ダイナモ　73
CCD　92
地震学　55
地震波トモグラフィ　55
地震予知　184
地すべり　87
沈み込み帯　70
質量分析計　37

GPS　120
ジャイアント・インパクト　83
蛇紋岩　109
集積　48
ジョイデス・レゾリューション号　90
蒸発岩　94
小氷期　16
小プリニウス　144
ショップ，ビル　44
親石元素　71
震度　168
深発地震　176
スコッティーズ，クリストファー　141
スコリア　149
スコリア丘　160
ストラット，R・J　35
スノーボール・アース　44
スーパークロン　74
スーパープルーム　67
スミス，ウィリアム　38
スラブ　57
斉一主義　33
斉一説　32
石油　95
石膏　94
ゼノリス　53, 59
全球測位システム　120
漸進主義　33
増強温室効果　20, 85

た 行

大気　12
ダイヤモンド　63
太陽系　7
太陽風　10
大陸衝突帯　125
大陸棚　85

対流圏　14
ダーウィン，チャールズ　35, 145
楯状火山　148
タービダイト　88
炭酸塩補償深度　92
炭素　21, 37
炭素循環　22
チェイス，クレメント　69
地球システム　3
地溝帯　42
地質年表　38
中央海嶺系　96
中間圏　13
中心核　70
超銀河団　9
超新星　9
超新星爆発　48
潮汐　14
月　14
津波　87
D″層　24, 56
テイラー，フランク　113
テーチス海　127
デュ・トワ，アレックス　114
テレーン，アレクサンダー　124
天体衝突　41
電離圏　13
同位体　6
ドライアス　18
トランスフォーム断層　97, 118, 125

な 行

内核　71
ナップ　133
二面角　145
ニュートン，アイザック　68
熱圏　12

は 行

バクテリア　96, 102
バセット，ビル　58
ハットン，ジェームズ　28, 33, 113
パホエホエ溶岩　150
バミューダトライアングル　95
パン皮状火山弾　150
パンゲア　122
パンゲア・アルチマ　141
はんれい岩　101
P波　55
フィリップス，ジョン　34
ブラック・スモーカー　102
フリッシュ　133
プリーニー型噴火　149
プルーム　57, 121
プレート　52
プレート沈み込み　106
プレートテクトニクス　3
プレート内地震　174
ブロッカー，ウォルター　18
ヘイガー，ブラッド　69
ヘス，ハリー　114
ペロブスカイト　59, 63, 67
変成岩　5
ホイル，フレッド　1
捕獲岩　53, 59
ホームズ，アーサー　37, 97, 114, 145
ホワイト・スモーカー　102

ま 行

マウンダー極小期　16
マグニチュード　168
マシューズ，ドラモンド　99, 114
マッケンジー，ダン　114, 126
マーティン，ジョン　85

マンガンノジュール　103
マントル　24, 26, 51
マントルプルーム　104
ミュレイ，ジョン　162
ミランコビッチ・サイクル　15, 93
メタンガス　95
メルカリスケール　168
メルト　145
モホロビチッチの不連続面　51
モラッセ　132
モルガン，ジェーソン　114
モンスーン　131

や 行

融解　67
有光層　82

溶結凝灰岩　150
部分溶融　100

ら 行

ライエル，チャールズ　33
ラザフォード，アーネスト　35
ラハール　165
ラブロック，ジェームズ　22
リソスフェア　24, 51, 130
リヒター，チャールズ　170
リヒタースケール　168
リフト　42
流紋岩　152
リングウッダイト　59
礫岩　5
ロディニア　123

原著者紹介
Martin Redfern(マーティン・レッドファーン)
BBCラジオ4のシニアプロデューサー.ロンドン大学で地質学を専攻.英「ニュー・サイエンティスト」誌,英「エコノミスト」誌,英「サンデー・タイムズ」紙,英「インデペンデント」紙などにも寄稿.著書に"Journey to the Centre of the Earth"(1991),"The Kingfisher Book of Space"(1998),Aventis Junior Science Book Prize 受賞作"The Kingfisher Book of Planet Earth"(1999)などがある.

訳者紹介
川上　紳一(かわかみ・しんいち)
岐阜大学教授.理学博士.名古屋大学理学部卒業,同大学院理学研究科地球科学専攻修了.岐阜大学教育学部助手,助教授を経て現職.専門は縞々学,地球形成論,比較惑星学.著書に『縞々学―リズムから地球史に迫る』(東京大学出版会, 1995),『生命と地球の共進化』(日本放送出版協会, 2000),『全地球凍結』(集英社, 2003)などがある.

サイエンス・パレット 003
地球 —— ダイナミックな惑星

　　　　　　　　　　　　　　　平成25年5月30日　発行

訳　者　　川　上　紳　一

発行者　　池　田　和　博

発行所　　**丸善出版株式会社**
　　　　　〒101-0051 東京都千代田区神田神保町二丁目17番
　　　　　編集：電話(03)3512-3265／FAX(03)3512-3272
　　　　　営業：電話(03)3512-3256／FAX(03)3512-3270
　　　　　http://pub.maruzen.co.jp/

© Shin-ichi Kawakami, 2013

組版印刷／製本・大日本印刷株式会社

ISDN 978-4-621-08668-1 C0340　　　　　　　Printed in Japan

本書の無断複写は著作権法上での例外を除き禁じられています.